建/筑/工/程/施/工/现/场/管/理/人/员/实/操/系/列

# 安全员

## 实操技能 全图解

张 勇 主编

U0300789

化学工业出版社

·北京·

## 内 容 简 介

本书采用图解的方式，全面讲述了在建筑施工过程中安全员应掌握、了解的相关知识及操作规范，主要包括安全员是干什么的，安全员应知的安全生产管理制度和要求，安全员需要掌握哪些岗位专业技能，安全员如何认定与防范安全隐患，安全员如何编制事故应急救援预案，安全员如何防范、救援和处理安全事故，安全员如何收集、整理和归档施工安全资料七方面内容。本书图文并茂，包罗大量工作表格模板，实用性、可操作性和针对性强。同时，扫书中二维码可观看施工现场安全施工相关视频，让读者对安全施工有直观的理解和感受。

本书可作为建筑工程施工、安全等相关岗位人员的操作手册、培训教材，也可供大中专院校土木工程相关专业的师生学习参考。

**图书在版编目（CIP）数据**

安全员实操技能全图解/张勇主编． —北京：化学工业出版社，2023.8
（建筑工程施工现场管理人员实操系列）
ISBN 978-7-122-42748-9

Ⅰ.①安…　Ⅱ.①张…　Ⅲ.①建筑施工-施工现场-安全管理-图解　Ⅳ.①TU714-64

中国国家版本馆 CIP 数据核字（2023）第 096183 号

---

责任编辑：彭明兰　李旺鹏　　　　　　　　　文字编辑：邹　宁
责任校对：刘　一　　　　　　　　　　　　　装帧设计：史利平

---

出版发行：化学工业出版社（北京市东城区青年湖南街 13 号　邮政编码 100011）
印　　刷：三河市航远印刷有限公司
装　　订：三河市宇新装订厂
787mm×1092mm　1/16　印张 12½　字数 314 千字　2023 年 10 月北京第 1 版第 1 次印刷

---

购书咨询：010-64518888　　　　　　　　　　售后服务：010-64518899
网　　址：http://www.cip.com.cn
凡购买本书，如有缺损质量问题，本社销售中心负责调换。

---

定　　价：68.00 元

# 前言

　　为了加强建筑与市政工程施工现场专业人员队伍建设，规范专业人员的职业能力评价，指导专业人员的使用与教育培训，促进科学施工，确保工程质量和安全生产，住房和城乡建设部制定了《建筑与市政工程施工现场专业人员职业标准》（JGJ/T 250—2011），在建设行业开展关键岗位培训考核和持证上岗工作。这一举措对提高从业人员的专业技术水平和职业素养、促进施工现场规范化管理、保证工程质量和安全、推动行业发展和进步，发挥了积极重要的作用。《建筑与市政工程施工现场专业人员职业标准》的核心是建立全面综合的职业能力评价制度，该制度是关键岗位培训考核工作的延续和深化。实施此标准的根本目的是提高建筑与市政工程施工现场专业人员队伍素质，确保施工质量和安全生产。

　　为了响应住房和城乡建设部的号召，加强建筑工程施工现场专业人员队伍建设，促进科学施工，确保工程质量和安全生产，我们依据《建筑与市政工程施工现场专业人员考核评价大纲》和《建筑与市政工程施工现场专业人员职业标准》，按照职业标准要求，针对施工现场管理人员的工作职责、专业知识、专业技能，遵循易学、易懂、能现场应用的原则，组织编写了本书。

　　本书有以下特点：

　　（1）突出实用性，内容全面、图表丰富，方便专业人员查阅；

　　（2）注重前瞻性，内容新颖，符合新规范、新技术、新材料、新工艺的要求；

　　（3）注重知识的系统性和完整性，全书涵盖了施工员的岗位知识和技能知识；

　　（4）注重可操作性，注重实际操作，包罗大量工作表格模板，力求符合施工管理人员的实际工作需要。

　　本书共分为7章，分别为：安全员是干什么的，安全员应知的安全生产管理制度和要求，安全员需要掌握哪些岗位专业技能，安全员如何认定与防范安全隐患，安全员如何编制事故应急救援预案，安全员如何防范、救援和处理安全事故，安全员如何收集、整理和归档施工安全资料。

　　本书由济南四建（集团）有限责任公司张勇编写，适用于建筑业施工技术人员，也适用于建筑业企业、教育培训机构、行业组织、行业主管部门进行人才队伍规划、教育培训和评价。

　　由于时间仓促和能力有限，本书难免有不完善的地方，敬请读者批评指正。

# 目录

# 第一章 ▶▶
# 安全员是干什么的

第一节 安全员需要干什么

## 一、安全员的作用

建筑企业的安全员是在基本建设战线上从事劳动保护工作的安全检查员。他们是在加强劳动保护工作上的得力助手和参谋，是直接在生产一线致力于减少伤亡事故的工地"警察"，是保证职工在生产过程中安全与健康的卫士。他们所从事的工作不仅仅是保证了安全生产的顺利进行，更重要的是保护了职工的生命安全，为成百上千户家庭的幸福做出了贡献。

安全生产工作关系到整个工程的进展和职工的安危与健康，任何工作上的失职、疏忽和失误，都有可能导致重大安全事故的发生，所以安全员的责任重大。

## 二、安全员的基本要求

（1）每个安全员应经培训合格后持证上岗，要有高度的热情和强烈的责任感、事业心，热爱安全工作，且在工作中敢于坚持原则，秉公执法。

（2）熟悉安全生产方针政策，了解国家及行业有关安全生产的所有法律、法规、条例、操作规程、安全技术要求等。

（3）熟悉工程所在地建筑管理部门的有关规定，熟悉施工现场各项安全生产制度。

（4）有一定的专业知识和操作技能，熟悉施工现场各道工序的技术要求，熟悉生产流程，了解各工种、各工序之间的衔接，善于协调各工种、工序之间的关系。

（5）有一定的施工现场工作经验和现场组织能力，有分析问题和解决问题的能力，善于总结经验和教训，有洞察力和预见性，及时发现事故苗头并提出改进措施，对突发事故能够沉着应对。

（6）对工地上经常使用的机械设备和电气设备的性能和工作原理有一定的了解，对起重、吊装、脚手架、爆破等容易出事故的工种或工序应有一定程度的了解，懂得脚手架的负荷计算、架子的架设和拆除程序，土方开挖坡度计算和架设支撑，电气设备接零接地的一般要求等，发现问题能够正确处理。

（7）有一定的防火防爆知识和技术，能够熟练地使用工地上配备的消防器材（图1-1）。懂得防尘防毒的基本知识，会使用防护设施和劳保用品。

（8）熟悉工伤事故调查处理程序，掌握一些简单的急救技术，能进行现场初级救生。

（9）大工程和特殊工程施工现场安全员应该具有建筑力学、结构力学、建筑施工技术等学科的一般知识。

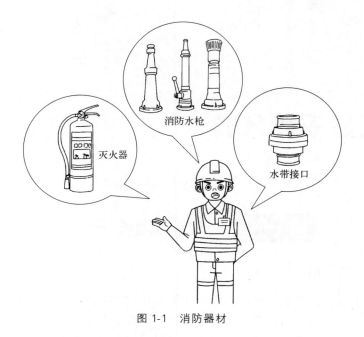

图 1-1 消防器材

### 三、安全员的工作要求

**1. 增强事业心，做到尽职尽责**

安全员的职责是保护职工的生命安全和保证生产积极性，保证职工身体健康、精力充沛地投入到建设中去。每个安全人员都必须有高度的责任感，热爱自己的工作，把安全工作看成自己的长期事业和终身职业，时时刻刻以党和国家的利益为重，搞好自己的工作。

劳动保护工作是一项政策性、技术性、群众性较强的工作。安全检查人员要以强烈的事业心和对党、对人民的高度负责精神，做到尽职尽责，经常深入工地发现问题、解决问题。不管有多大困难，要想方设法去克服，为避免伤亡事故献计献策，为保证职工的生命安全尽心尽力，为施工生产的安全顺利进行创造条件。安全员有非常重要的职责，也需要很深的学问。要想真正做好，必须下苦功夫、出大力气，才会有明显的效果。

**2. 努力钻研业务技术，做到精通本专业**

掌握现代科学文化知识，是做好安全工作的重要环节，必须孜孜不倦地学习，去获取知识，才能更好地服务于建设事业。

建筑施工与其他行业在安全生产方面有很多不同的特点，这给施工生产带来了很多不安全因素，然而，这些因素的预见和防控难度很大。安全检查员要适应生产的发展需要，抓住这些特点，努力学习，掌握其基本知识，精通本专业，才能真正起到检查督促的作用，才能防止瞎指挥、打乱仗。为此，首先要熟悉国家的有关安全规程、法规和管理制度，也要熟悉施工工艺和操作方法，要具有本专业的统计、计划报表的编制和分析整理能力，要具有管理基层安全工作的能力和经验，要具有根据过去经验或教训以及现存的主要问题，总结一般事故规律的能力等。这些是做好安全工作的基础，务必要认真做到。

**3. 加强预见性，将事故消灭在发生之前**

坚持"安全第一，预防为主"的方针，是搞好安全工作的准则，也是搞好安全检查的关键。只有做好预防工作，才能处于主动。国家颁发劳动安全法则，上级制定安全规程、制度和办法，都是为了贯彻"预防为主"的方针，只要认真贯彻，就会收到好的效果。

（1）要有正确的学习态度。要从思想上认识到，学习是搞好工作的保证。从学习方法上，要理论联系实际，善于总结经验教训。从学科上讲，不仅要学习土建施工安全技术，还要学习电气、起重、压力容器、机械等的安全技术，通过学习不断提高技术素质。

（2）要有积极的思想。要发挥主观能动作用，在施工前有预见性地提出问题、办法，制订出措施，做好施工前的准备。

（3）要有踏实的作风。要深入现场掌握情况，准确地发现问题，做到心中有数。

（4）要有正确的方法。既能提出问题，又要善于依靠群众和领导，帮助施工人员解决问题。这就要求安全检查人员既要熟悉安全生产方针政策、法令，安全的基本知识和管理的各项制度，又要熟悉生产流程、操作方法。要掌握分管专业安全方面的原始记录、报表和必要的历史资料，做好分析整理工作。

**4. 做到依靠领导**

一个安全员要做好安全工作，必须依靠领导的支持和帮助，要经常向领导请示、汇报安全生产情况，真正当好领导的参谋，成为领导在安全生产上的得力助手。安全工作中如遇不能处理和解决，尤其是对安全工作影响极大的问题，要及时汇报，依靠领导出面解决。安全员组织开展安全生产评比竞赛、各个时期安全大检查以及组织广大职工群众参观学习安全生产方面的展览、活动等，都必须取得领导的支持。

**5. 做到走群众路线**

"安全生产，人人有责"，劳动保护工作是广大职工的事业，只有动员群众，依靠群众，走群众路线，才能管好。要使广大群众充分认识到安全生产的政治意义、经济意义以及与个人切身利益的关系，启发群众自觉贯彻执行安全生产规章制度。走群众路线，依靠群众管好安全生产，除向职工进行宣传教育外，还要发动群众参加安全管理，定期开展安全检查和无事故竞赛，推动安全生产工作的开展。

**6. 做到对事故认真调查分析**

职工伤亡事故的调查、登记、统计和报告，是研究生产中工伤事故的原因、规律和制订对策的依据。因此，对发生的任何大小事故以及未遂事故，都应认真调查、分析原因、吸取教训，从而找出事故规律，采取防护措施。掌握事故发生前后的每一个细微情况以及事故的全过程，全面研究、综合分析论证，才能找出事故真正原因，从中吸取教训。

## 四、安全员的权力

（1）遇有特别紧急的不安全情况时，有权指令先行停止生产，并且立即报告领导研究处理。

（2）有权检查所属单位对安全生产方针或上级指示贯彻执行的情况。

（3）对少数执意违章者，经教育不改的，有权执行罚款办法。

（4）对安全隐患存在较多、较严重的施工部位，有权签发隐患通知单，并责令班组负责人限期整改。

（5）对不认真执行安全生产方针或上级指示的单位或个人，有权越级向上汇报。

## 五、安全员的基本职责

（1）施工现场安全员的主要职责是协助项目经理做好安全管理工作，指导班组开展安全生产。

（2）认真贯彻落实安全生产责任制，执行各项安全生产规章制度，经常深入现场检查，及时向上级汇报安全工作上存在的严重问题或严重事故隐患。

（3）会同有关部门做好安全生产的宣传教育和培训工作，组织安全工作检查评比，总结和推广安全生产的先进经验，并会同有关部门做好防毒、防尘、防暑降温以及女工保护工作。

（4）参加编制施工方案和安全技术措施，并每日进行安全巡查，发现事故隐患及时纠正。

（5）督促有关部门按规定及时发放和合理使用个人防护用品。

（6）督促一线施工人员严格按照安全操作规程办事，认真做好安全技术交底，对违反操作规程的行为及时制止。

（7）根据施工特点和季节特点，提出每月、每季度、每年度的安全工作重点，编制安全计划，并针对存在问题提出改进措施和重点注意事项。

（8）参加伤亡事故的调查处理，做好工伤事故统计、分析和报告，协助有关部门提出预防措施。根据施工现场实际情况，向安全管理部门和有关领导提出改善安全生产和改进安全管理的建议。

## 六、安全员的安全生产职责

（1）在主管领导的直接领导下，努力做好本职工作，学习安全生产管理等业务知识，贯彻执行有关安全生产的规章制度，并接受上级安全部门的检查和业务指导。

（2）经常深入施工现场检查和了解安全生产的状况，并做好检查日记，检查职工对安全规章制度的执行情况，将施工现场发现的不安全行为和隐患详细记载下来，并应立即制止或发出整改通知书，并报告主管领导，协助施工单位研究解决办法，监督实施，对严重违章行为按章处罚。

（3）负责实施对新工人、招聘民工和复岗人员的三级安全教育（工地级）和考试，定期对职工进行安全生产的宣传教育，做好每年的安全考核、登记和上报工作。

（4）协助领导开展定期的安全生产自查和专业检查，对查出来的问题进行登记上报，并督促按期解决。协助领导组织好本单位的安全例会、安全日活动，开展安全生产竞赛及总结先进经验。

（5）参加伤亡事故调查、分析、处理，提出防范措施，负责伤亡事故和违规违章行为的统计上报。

（6）督促检查施工现场安全防护措施器具，督促进行机械设备的检查、检测、验收，保证个人劳动防护用品的产品质量，协助有关部门监督禁止采购伪劣不合格产品。

（7）安全人员在进行安全检查时，必须严肃认真，坚持原则，秉公办事，实事求是，与有关部门紧密合作，共同搞好安全管理工作。

## 七、安全员的工作内容

安全员的工作内容见表1-1。

表1-1　安全员的工作内容

| 分类 | 主要工作内容 |
| --- | --- |
| 项目安全策划 | （1）参与制订施工项目安全生产管理计划<br>（2）参与建立安全生产责任制度<br>（3）参与制订施工现场安全事故应急救援预案 |

续表

| 分类 | 主要工作内容 |
|---|---|
| 资源环境安全检查 | (4)参与开工前安全条件检查 |
| | (5)参与施工机械、临时用电、消防设施等的安全检查 |
| | (6)负责防护用品和劳保用品的符合性审查 |
| | (7)负责作业人员的安全教育培训和特种作业人员资格审查 |
| 作业安全管理 | (8)参与编制危险性较大的分部、分项工程专项施工方案 |
| | (9)参与施工安全技术交底 |
| | (10)负责施工作业安全及消防安全的检查和危险源的识别,对违章作业和安全隐患进行处置 |
| | (11)参与施工现场环境监督管理 |
| 安全事故处理 | (12)参与组织安全事故应急救援演练,参与组织安全事故救援 |
| | (13)参与安全事故的调查、分析 |
| 安全资料管理 | (14)负责安全生产的记录、安全资料的编制 |
| | (15)负责汇总、整理、移交安全资料 |

## 八、安管人员的考核发证

（1）安管人员应当通过其受聘企业，向企业工商注册地的省、自治区、直辖市人民政府住房和城乡建设主管部门（以下简称考核机关）申请安全生产考核，并取得安全生产考核合格证书。安全生产考核不得收费。

（2）申请参加安全生产考核的安管人员，应当具备相应文化程度、专业技术职称和一定安全生产工作经历，与企业确立劳动关系，并经企业年度安全生产教育培训合格。

（3）安全生产考核包括安全生产知识考核和管理能力考核。

安全生产知识考核内容包括：建筑施工安全的法律法规、规章制度、标准规范，建筑施工安全管理基本理论等。

安全生产管理能力考核内容包括：建立和落实安全生产管理制度、辨识和监控危险性较大的分部分项工程、发现和消除安全事故隐患、报告和处置生产安全事故等。

（4）对安全生产考核合格的，考核机关应当在 20 个工作日内核发安全生产考核合格证书，并予以公告；对不合格的，应当通过安管人员所在企业通知本人并说明理由。

（5）安全生产考核合格证书有效期为 3 年，证书在全国范围内有效。

（6）安全生产考核合格证书有效期届满需要延续的，安管人员应当在有效期届满前 3 个月内，由本人通过受聘企业向原考核机关申请证书延续。准予证书延续的，证书有效期延续 3 年。

对证书有效期内未因生产安全事故或者违反《建筑施工企业主要负责人、项目负责人和专职安全生产管理人员安全生产管理规定》受到行政处罚，信用档案中无不良行为记录，且已按规定参加企业和县级以上人民政府住房和城乡建设主管部门组织的安全生产教育培训的，考核机关应当在受理延续申请之日起 20 个工作日内，准予证书延续。

（7）安管人员变更受聘企业的，应当与原聘用企业解除劳动关系，并通过新聘用企业到考核机关申请办理证书变更手续。考核机关应当在受理变更申请之日起 5 个工作日内办理完毕。

（8）安管人员遗失《安全生产考核合格证书》的，应当在公共媒体上声明作废，通过其受聘企业向原考核机关申请补办。考核机关应当在受理申请之日起 5 个工作日内办理完毕。

（9）安管人员不得涂改、倒卖、出租、出借或者以其他形式非法转让《安全生产考核合格证书》。

## 第二节 安全员应具备哪些专业技能和知识

### 一、安全员应具备的专业技能

安全员应具备的专业技能见表1-2。

表 1-2 安全员应具备的专业技能

| 分 类 | 应具备的专业技能 |
| --- | --- |
| 项目安全策划 | (1)能够参与编制项目安全生产管理计划<br>(2)能够参与编制安全事故应急救援预案 |
| 资源环境安全检查 | (3)能够参与对施工机械、临时用电、消防设施进行安全检查,对防护用品与劳保用品进行符合性判断<br>(4)能够组织实施项目作业人员的安全教育培训 |
| 作业安全管理 | (5)能够参与编制安全专项施工方案<br>(6)能够参与编制安全技术交底文件,并实施安全技术交底<br>(7)能够识别施工现场危险源,并对安全隐患和违章作业进行处置<br>(8)能够参与项目文明工地、绿色施工管理 |
| 安全事故处理 | (9)能够参与安全事故的救援处理、调查分析 |
| 安全资料管理 | (10)能够编制、收集、整理施工安全资料 |

### 二、安全员应具备的专业知识

安全员应具备的专业知识见表1-3。

表 1-3 安全员应具备的专业知识

| 分 类 | 应具备的专业知识 |
| --- | --- |
| 通用知识 | (1)熟悉国家工程建设相关法律法规<br>(2)熟悉工程材料的基本知识<br>(3)熟悉施工图识读的基本知识<br>(4)了解工程施工工艺和方法<br>(5)熟悉工程项目管理的基本知识 |
| 基础知识 | (6)了解建筑力学的基本知识<br>(7)熟悉建筑构造、建筑结构和建筑设备的基本知识<br>(8)掌握环境与职业健康管理的基本知识 |
| 岗位知识 | (9)熟悉与本岗位相关的标准和管理规定<br>(10)掌握施工现场安全管理知识<br>(11)熟悉施工项目安全生产管理计划的内容和编制方法<br>(12)熟悉安全专项施工方案的内容和编制方法<br>(13)掌握施工现场安全事故的防范知识<br>(14)掌握安全事故救援处理知识 |

## 第三节 安全员需要懂哪些法律法规

### 一、安全员应熟知的法律

(1)《中华人民共和国建筑法》;

（2）《中华人民共和国安全生产法》；

（3）《中华人民共和国特种设备安全法》；

（4）《中华人民共和国民法典》；

（5）《中华人民共和国劳动法》；

（6）《中华人民共和国劳动合同法》。

## 二、安全员应熟知的法规

（1）《建设工程安全生产管理条例》；

（2）《生产安全事故应急条例》；

（3）《安全生产许可证条例》；

（4）《工伤保险条例》。

## 三、安全员应熟知的部门规章及规范性文件

（1）《危险性较大的分部分项工程安全管理规定》；

（2）《建筑施工企业安全生产许可证管理规定》；

（3）《建筑施工企业主要负责人、项目负责人和专职安全生产管理人员安全生产管理规定》；

（4）《建筑起重机械安全监督管理规定》；

（5）《社会消防安全教育培训规定》；

（6）《房屋市政工程生产安全重大事故隐患判定标准》；

（7）《工程质量安全手册（试行）》；

（8）《企业安全生产费用提取和使用管理办法》；

（9）《建筑工程安全防护、文明施工措施费用及使用管理规定》；

（10）《绿色施工导则》；

（11）《建筑施工企业安全生产管理机构设置及专职安全生产管理人员配备办法》；

（12）《建筑施工特种作业人员管理规定》。

# 第四节　安全员的职业能力如何评价

## 一、安全员职业能力评价的一般要求

（1）采取专业学历、职业经历和专业能力评价相结合的综合评价方法。其中专业能力评价采用专业能力测试方法。

（2）专业能力测试包括专业知识和专业技能测试，重点考查运用相关专业知识和专业技能解决工程实际问题的能力。

（3）施工现场职业实践最少年限应符合表1-4的规定。

（4）专业知识部分应采取闭卷笔试方式；专业技能部分应以闭卷笔试方式为主，具备条件的可部分采用现场实操测试。专业知识考试时间宜为2h，专业技能考试时间宜为2.5h。

（5）专业知识和专业技能考试均采取百分制。专业知识和专业技能考试成绩同时合格，方为专业能力测试合格。

表 1-4　施工现场职业实践最少年限　　　　　　　　　单位：年

| 岗位名称 | 土建类本专业专科及以上学历 | 土建类相关专业专科及以上学历 | 土建类本专业中职学历 | 土建类相关专业中职学历 | 非土建类中职及以上学历 |
|---|---|---|---|---|---|
| 施工员、质量员、安全员、标准员、机械员 | 1 | 2 | 3 | 4 | — |
| 材料员、劳务员、资料员 | 1 | 2 | 3 | 4 | 4 |

（6）已通过施工员、质量员职业能力评价的专业人员，参加其他岗位的职业能力评价，可免试部分专业知识。

（7）建筑与市政工程施工现场专业人员的职业能力评价，应由省级住房和城乡建设行政主管部门统一组织实施。

（8）对专业能力测试合格，且专业学历和职业经历符合规定的建筑与市政工程施工现场专业人员，颁发职业能力评价合格证书。

## 二、安全员专业能力测试权重

安全员专业能力测试权重应符合表 1-5 的规定。

表 1-5　安全员专业能力测试权重

| 项次 | 分类 | 评价权重 |
|---|---|---|
| 专业技能 | 项目安全策划 | 0.20 |
| | 资源环境安全检查 | 0.20 |
| | 作业安全管理 | 0.40 |
| | 安全事故处理 | 0.10 |
| | 安全资料管理 | 0.10 |
| | 小计 | 1.00 |
| 专业知识 | 通用知识 | 0.20 |
| | 基础知识 | 0.40 |
| | 岗位知识 | 0.40 |
| | 小计 | 1.00 |

# 第二章
# 安全员应知的安全生产管理制度和要求

## 第一节　安全生产管理方针与原则

### 一、安全生产的定义

在《辞海》中将安全生产定义为：为预防生产过程中发生人身、设备事故，形成良好劳动环境和工作秩序而采取的一系列措施和活动。

在《中国大百科全书》中将安全生产定义为：旨在保障劳动者在生产过程中的安全的一项方针，也是企业管理必须遵循的一项原则，要求最大限度地减少劳动者的工伤和职业病，保障劳动者在生产过程中的生命安全和身体健康。

在《安全科学技术词典》中将安全生产定义为：企业事业单位在劳动生产过程中的人身安全、设备安全和产品安全以及交通运输安全等。

从上面的定义可以看出，其实质内容是一致的，即突出了安全生产的本质是要在生产过程中防止各种事故的发生，确保人民生命和财产安全。因此，安全生产是指：生产、经营活动中的人身安全和财产安全。

有人认为安全生产的范畴应该界定在企业，也有人认为除刑事案件（或公共安全）以外的安全问题均应划归安全生产范畴。从我国的安全生产工作来看，安全生产的范畴应包括：工业企业单位的职工人身安全及财产设备安全，即煤炭、石油、化工、冶金、石化、地质、农业、林业、水利、电力、建设等产业部门的安全生产；交通运输行业，如铁路运输、公路运输、水上运输及民航运输的安全生产；商业服务行业，如宾馆、饭店、商场、公共娱乐及旅游场所等职工及顾客的人身安全和财产设备的安全；其他部门，如国家机关、事业单位、人民团体等有关人员的人身安全和财产安全。

### 二、安全生产的方针

#### 1. 安全生产工作的重要性

在生产过程中的安全是生产发展的客观需要，特别是现代化生产，更不允许有所忽视，必须强化安全生产，在生产活动中把安全工作放在第一位，当生产与安全发生矛盾时，生产要服从安全。这就是安全第一的含义。

我国是社会主义国家，安全生产是党和国家的一项重要政策，是保护劳动者安全健康和发展生产力的重要工作，同时，也是维护社会安定，促进国民经济稳定、持续、健康发展的基本条件，是社会文明程度的重要标志。安全生产也是社会主义企业管理的一项重要原则，这是社会主义制度性质所决定的。

**2. 安全与生产的辩证统一**

在生产建设中，必须用辩证统一的观点去处理好安全与生产的关系。也就是说，企业领导者必须善于安排安全和生产。越是生产任务忙，越要重视安全，把安全工作搞好。否则，就可能会导致工伤事故，既妨碍生产，又影响安全。这是生产实践证明了的一条重要经验教训。

怎样理解安全和生产的辩证统一关系呢？在生产过程中，安全和生产既有矛盾性，又有统一性。所谓矛盾性，是指生产过程中不安全因素与生产的矛盾，要对不安全因素采取措施时，就要增加支出，或影响生产进度。所谓统一性，对不安全因素采取措施后，改善了劳动条件，职工就有良好的精神状态和劳动热情，劳动生产率就会提高。没有生产活动，安全工作就不会存在。反之，没有安全工作，生产就不能顺利进行。这就是安全与生产互为条件、互相依存的道理，也就是安全与生产的统一性。

**3. 安全生产工作必须强调预防为主**

安全生产以预防为主是现代生产发展的需要。现代科学技术日新月异，在生产过程中，安全问题十分复杂，稍一疏忽就会酿成重大事故。预防为主，就是要在事前做好安全工作。要做到"防微杜渐""防患于未然"。要依靠技术进步，加强科学管理，搞好科学预测与分析工作，把事故消灭在萌芽状态。安全第一、预防为主，两者是相辅相成、互相促进的。"预防为主"是实现"安全第一"的基础，要做到"安全第一"，首先要搞好预防措施。预防工作做好了，就可以保证安全生产。

## 三、安全生产管理的基本原理

**1. 系统原理**

所谓系统是由若干相互作用又相互依赖的部分组合而成，具有特定功能，并处于一定环境中的有机整体。系统论的基本思想是整体性、相关性、目的性、阶层性、综合性、环境适应性。

**2. 整分合原理**

整分合原理是指现代高效率的管理必须在整体规划下明确分工，在分工基础上进行有效的综合。整体把握、科学分解、组织综合是整分合原理的主要含义。

**3. 反馈原理**

反馈原理是控制论的一个非常重要的基本概念。反馈是把控制系统输出信号返送回来，对输入与输出信号进行比较，比较差值作为系统输入信号，再作用于系统，对系统起到控制的作用。在现代化管理中，灵敏、正确、有力的反馈对管理有着举足轻重的作用。实际管理工作是计划、实施、检查、处理，也就是决策、执行、反馈、再决策、再执行、再反馈的过程。

**4. 封闭原理**

封闭原理是指任何一个系统内的管理手段必须构成一个连续封闭的回路，才能形成有效的管理运动。一个有效的现代管理系统，必须是一个封闭系统，而且为使系统运转状态优良，可以采用多级闭环反馈系统。

**5. 弹性原理**

弹性原理是在系统外部环境和内部条件千变万化的形势下进行的，管理必须要有很强的适应性和灵活性，才能有效地实现动态管理。特别是在建立社会主义市场经济的今天，管理工作更需要不断改革，以利于驾驭新形势，解决新问题，适应社会发展的需要。

**6. 人本原理**

人本原理是指管理以人为本体，以调动人的积极性为根本。人既是管理的主体，同时又是管理的客体，其核心是如何调动人的积极性。隶属于人本原理的二级原理有：能级原理、动力原理和激励原理。

**7. 能级原理**

能级原理是指管理系统必须由若干分别具有不同能级的不同层次有规律地组合而成。在实际管理中如决策层、执行层、操作层就体现了能级原理。人所常说的人尽其才，各尽所能，责、权、利的统一等也都利用了能级原理。

**8. 动力原理**

动力原理是指管理要有强大的动力，要正确地运用动力，使管理运动持续而有效地进行下去。

**9. 激励原理**

激励原理就是用科学的手段，激发人的内在潜力，充分发挥人的积极性和创造性。

以上 9 种安全管理方面的原理，在现代化经济活动中经常使用。无论管理者有意识或无意识利用这些管理原理，有一点可以肯定，优秀的管理者都遵循了这些基本原理，在实际工作中都不断运用这些原理来分析问题和解决问题。

安全生产管理工作同样要在这些原理基础上实现，如目标管理、事故管理、隐患管理、安全宣传教育管理等。在建立社会主义市场经济的过程中，政府转变职能、企业转换经营机制，计划经济体制下的管理模式被打破，市场经济体制尚在建立过程中，安全生产工作同样也面临着如何建立适应社会主义市场经济条件下安全生产管理的新模式的问题，这就需要安全管理人员利用管理的基本原理，在实际工作中不断探索、不断创新、不断完善，建立一套行之有效的安全生产管理方法。

## 四、管生产必须管安全的原则

这是企业各级领导和广大职工在生产过程中必须坚持的一项原则。国家和企业要保护劳动者的安全与健康，保证人民生命和财产的安全，这是其一；其次，企业的最优化目标是高产、低耗、优质、安全的统一，这体现出安全与生产的统一。

## 五、安全生产目标管理

安全生产目标管理是指企业根据自己的整体目标，在分析外部环境和内部条件的基础上，确定安全生产所要达到的目标，并采取措施去努力实现目标的活动过程。安全生产目标以千人负伤率、尘毒作业点合格率、噪声作业点合格率及设备完好率等预期达到的目标值来表示。

推行安全生产目标管理体现"安全生产，人人有责"的原则，使安全生产工作实现全员管理，而且有利于提高企业职工的安全素质。

安全生产目标管理的任务是制订目标，明确责任，落实措施，实行严格的考核奖惩，以激励全体参加全面、全员、全过程的安全生产管理，主动按照安全生产的目标和安全生产责任制的要求，落实安全措施，消除人的不安全行为和物的不安全状态。

企业和企业主管部门要制订安全生产目标管理计划，经主管部门审查，由主管部门与企业签订责任书，将安全生产目标管理计划纳入各企业的目标管理计划，企业法定代表人应对安全生产目标管理计划的制订与实施负第一责任。

安全生产目标管理的特点是：强调安全生产管理的结果，一切决策以实现目标为准绳，依据相互衔接、相互制约的目标体系，有组织地开展全体员工都参加的安全生产管理活动，并随生产经营活动而持久地进行下去，以此激发各级目标责任者为实现安全生产目标而自觉采取措施。

安全生产目标管理的基本内容包括目标体系的确立、目标的实施及目标成果的检查与考核，具体有以下几个方面。

（1）确定切实可行的目标值。采用科学的目标预测法，根据企业的需要和可能，采取系统分析方法，确定合适的目标值，并研究为此而应采取的措施和手段。

（2）根据安全决策和目标的要求，制订实施办法，做到有具体的保证措施，包括组织技术措施，明确完成程序和时间，承担责任的具体负责人，并签订有关合同，措施力求定量化，以便实施和考核。

（3）规定具体考核标准和奖惩办法。企业要认真贯彻执行安全生产目标管理考核标准，考核标准不仅要规定目标值，而且要把目标值分解为若干个具体要求加以考核。

（4）安全生产目标管理必须与安全生产责任制挂钩，层层负责，实行个人保班组、班组保工段、工段保车间、车间保全厂。

（5）安全生产目标管理必须与企业经营承包责任制挂钩，作为整个企业目标管理的一个重要组成部分。实行厂长（经理）任期目标责任制、租赁制和各种经营承包制的单位的负责人，应把安全生产目标管理实现情况与所受到的奖惩挂钩：完成则增加奖励，未完成则依据具体情况给予处罚。

（6）企业与主管部门对安全生产目标管理计划的执行情况要定期进行检查与考核。对于弄虚作假者，要严肃处理。

## 六、"五同时"原则

（1）"五同时"指企业生产组织及领导者在计划、布置、检查、总结、评比生产的时候，同时计划、布置、检查、总结、评比安全工作。

（2）"五同时"要求企业把安全生产工作落实到每一个生产组织管理环节中去。

（3）"五同时"使得企业在管理生产的同时必须认真贯彻执行国家安全生产方针、法律法规，建立健全各种安全生产规章制度，如安全生产责任制，安全生产管理的有关制度，安全卫生技术规范、标准、技术措施，各工种安全操作规程等，配置安全管理机构和人员。

## 七、"三不放过"原则

（1）"三不放过"是指在调查处理工伤事故时，必须坚持事故原因分析不清不放过，事故责任者和群众没有受到教育不放过，没有采取切实可行的防范措施不放过的原则。

（2）"三不放过"第一个含义是要求调查处理事故时，首先要把事故原因分析清楚，找出真正的事故原因，并搞清各因素之间的因果关系，才算达到事故原因分析的目的。第二个含义是要求调查处理事故时，不仅要查明事故原因，处理有关人员，还必须使事故责任者和职工群众了解事故的原因及造成的危害，从事故中吸取教训，以更重视安全生产。第三个含义是要求必须针对事故发生的原因，提出防止相同或类似事故发生的切实可行的预防措施，并督促企业认真实施。这样才能达到事故调查处理的目的。

## 八、"三个同步"原则

"三个同步"是指安全生产与经济发展建设、企业深化改革、技术改造同步规划、同步发展、同步实施。

扫码看视频　　扫码看视频

现场标志（上）　现场标志（下）

## 九、安全标志的正确使用原则

安全标志是指为了确保安全，在操作人员容易产生错误而造成事故的场所，提醒操作人员注意所采用的一种特殊标志，目的是引起人们对不安全因素的注意，预防事故的发生。安全标志不能代替安全操作规程和保护措施。根据国家有关标准，安全标志应由安全色、几何图形和图形符号构成。

国家规定的安全色有红、蓝、黄、绿四种颜色，其含义是：红色表示禁止、停止（也表示防火）；蓝色表示指令或必须遵守的规定；黄色表示警告、注意；绿色表示提示、安全状态、通行。

### 1. 按指示意义分类

按指示意义，安全标志可分为禁止标志、遵守标志、警告标志、指示标志。

（1）禁止标志如图 2-1 所示。

图 2-1　禁止标志

（2）遵守标志如图 2-2 所示。

（3）警告标志如图 2-3 所示。

（4）指示标志如图 2-4 所示。

必须系安全带

必须穿防护鞋

必须戴防护手套

必须戴防毒面具

必须戴安全帽

必须戴护耳器

必须戴防尘口罩

必须戴防护眼镜

图 2-2　遵守标志

当心坠落

当心落物

当心吊物

当心触电

当心电缆

当心坑洞

注意安全

当心中毒

当心爆炸

当心火灾

当心车辆

当心电离辐射

图 2-3　警告标志

(a) 避险处　　　　　　　　　(b) 可动火区

(c) 安全通道　　　　　　　　(d) 紧急出口

图 2-4　指示标志

**2. 按使用目的分类**

安全标志根据使用目的，可以分为 9 种。

（1）防火标志（有发生火灾危险的场所，有易燃易爆危险的物质及位置，防火、灭火设备位置）。

（2）禁止标志（禁止相关危险行动）。

（3）危险标志（有直接危险性的物体和场所并对危险状态作警告）。

（4）注意标志（由于不安全行为或不注意就容易有危险的场所）。

（5）救护标志。

（6）小心标志。

（7）放射性标志。

（8）方向标志。

（9）指导标志。

对安全标志要进行检查。该项检查是对所设安全标志同作业现场条件和状态是否相适应的一种检查。

## 第二节　安全发展观

### 一、安全发展的根本任务

安全发展的根本任务是安全生产。安全生产工作既具有科技与管理等物质形态的含义，也具有公共服务等社会形态的含义，是一个涉及经济建设、政治建设、文化建设、社会建设等诸多方面的特殊领域，具有综合性、长期性、全局性和复杂性等特点。因此，一个局部的、微观的安全生产问题，一旦失控，就有可能引发宏观的、全局性的问题。只有把安全生产置于经济社会发展全局的高度加以推进，把安全生产工作视野拓展到经济、政治、文化、社会等的各个层面，综合运用法律、经济、行政等手段，调动社会各种资源，统筹规划，增强对安全生产工作的主动性和预见性，才能形成推进安全生产工作的强大合力，实现安全生产状况的根本好转，从而保证经济社会的安全发展。

## 二、安全发展的基本特征

（1）科学性。安全发展着眼于发展、落脚于发展，深入回答了经济社会"如何发展"和"怎样发展"的重大问题。安全发展理念深化了科学发展观的"以人为本"的思想，赋予了科学发展观和构建社会主义和谐社会理论鲜明的时代内涵，也反映了构建社会主义和谐社会的根本价值取向。

（2）战略性。安全发展是社会主义现代化建设总体战略的有机组成部分，与节约发展、清洁发展一起构成实现可持续发展战略的必要条件，成为科学发展的重要保障。安全发展的提出，使"安全"由"生产"的从属地位，上升到贯穿于经济与社会发展的全过程和各个环节的重大任务，不再仅仅局限于单一的生产层面，而是成为经济与社会发展战略视野中的安全问题，更是实现安全生产根本好转的战略保障。

（3）宏观性。安全发展是对经济与社会发展方式和道路的选择，是经济与社会健康发展的前提。在经济与社会发展的战略布局中统筹解决制约安全生产的深层次问题，将为安全生产搭建更高、更广阔的平台，创造更有利的宏观环境。

（4）导向性。安全发展是国家发展战略的有机组成部分，对全局性、高层次的重大问题起着重大指导作用，特别是在各级政府的经济与社会发展规划的制定和实施、项目建设、产业转移、资源整合等方面，发挥重大政策导向作用。

（5）实践性。安全发展理念既是重大理论问题，也是重大实践问题。只有不断地艰苦努力，在实际工作中，严格遵守每一项安全生产方针、政策、法规、标准，积极开发使用先进的安全技术、工艺、装备、材料等，将涉及安全的每一个问题做全、做实、做精、做透，才能真正使生产及各项社会活动建立在安全生产条件有充分保证的基础之上。

## 三、安全发展的重要工作内容

（1）构建社会主义和谐社会必须要解决好安全生产问题。当前，构建和谐社会，主要是解决人民群众最现实、最关心、最直接的问题，而安全生产就是人民群众最现实、最关心、最直接的问题之一。它既是热点难点，又是构建社会主义和谐社会的切入点和着力点。和谐社会要民主法治，搞好安全生产，必须依法治安；和谐社会要公平正义，首先必须保障每个人都有劳动的权利、生存的权利；和谐社会要诚信友善、充满活力、安定有序，只有保障人民的生命财产安全，大家的积极性才能调动起来，社会才能充满活力，家庭才能幸福安康；和谐社会要求人与自然和谐相处，人类生产活动必须遵循自然规律，违背了就要受到惩罚。因此，做好安全生产工作，百姓才能平安幸福，国家才能富强安宁，社会才能和谐安全。

（2）把安全发展贯穿到经济社会发展的全过程和各个方面，建设安全保障型社会。建设安全保障型社会是安全发展指导原则的实践载体，也是安全发展理念的实现途径。建立全体社会成员共同致力于不断提升安全生产保障水平的社会运行机制，形成齐抓共管的格局。要把安全发展理念纳入地方经济社会发展总体战略，制定安全生产规划，使安全生产与经济社会各项工作同步规划、同步部署、同步推进。

（3）打造本质安全型企业，强化安全发展的微观基础。建设本质安全型企业，着力全面提升企业素质，加强基础管理工作。更加注重进步和科学管理，加大科技投入，大幅度提升企业技术装备水平；健全完善并落实好企业内部安全生产的各项规章制度，建立、健全企业各级各类人员安全责任制跟踪、考核、奖惩等制度，扎实推进基础管理；强化企业文化建设，不断增强从业人员的安全意识和技能；学习借鉴国内外先进的安全生产管理理念和方法，建立持续改进的安全生产长效机制。

（4）着力加强安全文化建设，实施"全民安全素质工程"。安全文化建设是安全发展的基础性工作。安全文化是人的安全素质、安全技能、安全行为以及与安全相关的物质产品和精神产品的总和，对于安全生产起着引领方向、提升水平、彰显形象的重要作用。要把实施全民安全素质工程纳入社会主义精神文明创建活动中，积极构建与安全发展要求相适应的由学校专业教育、职业教育、企业教育和社会化教育构成的全方位安全文化教育体系，使安全素质教育进工厂、进农村、进学校、进社区，大力提升全民族安全素质，促进全体社会成员安全意识和素质的不断提高。

（5）加快完善安全法制，依法治安。国内外经验证明，健全的法制是从根本上解决安全生产问题的必由之路。加强安全生产、促进安全发展，必须加强安全法制建设。要进一步健全完善安全生产方针、政策、法规、标准体系，建立安全生产工作有法可依、有法必依、违法必究、执法必严的法治氛围，形成依法治安的局面。

（6）大力推进安全科技，用科技创新引领和支撑安全发展。安全科技创新是建设创新型国家的重要内容，是调整经济结构、转变增长方式的重要支撑，是保证安全生产、促进安全发展的有力保障。要通过原始创新、集成创新、引进消化吸收再创新，开发先进的技术装备，为隐患治理和安全技术改造提供技术支撑。加快推广先进、适用技术和装备，提升安全技术装备水平。加强安全科技人才队伍建设，积极参与国际交流与合作，尽快把我国安全科技提高到一个新水平。

## 四、强化"红线"意识、促进安全发展

（1）强化"红线"意识，实施安全发展战略。始终把人民群众的生命安全放在首位，发展决不能以牺牲人的生命为代价，这要作为一条不可逾越的红线。城镇发展规划以及开发区、工业园的规划、设计和建设，都要遵循"安全第一"方针。把安全生产与转方式、调结构、促发展紧密结合起来，从根本上提高安全发展水平。

（2）抓紧建立、健全安全生产责任体系。安全生产工作不仅政府要抓，党委也要抓。党委要管大事，发展是大事，安全生产也是大事，没有安全发展就不能实现科学发展。要抓紧建立、健全"党政同责、一岗双责、齐抓共管"的安全生产责任体系，要把安全责任落实到岗位、落实到人头，切实做到管行业必须管安全、管业务必须管安全、管生产经营必须管安全，加强督促检查，严格考核奖惩，全面推进安全生产工作。

（3）强化企业主体责任落实。所有企业都必须认真履行安全生产主体责任，善于发现问题、及时解决问题，采取有力措施，做到安全投入到位、安全培训到位、基础管理到位、应急救援到位。特别是中央企业一定要提高管理水平，给全国企业做表率。

（4）加快安全监管方面改革创新。各地区、各部门、各类企业都要坚持安全生产高标准、严要求，招商引资、上项目要严把安全生产关，要加大安全生产指标考核权重，实行安全生产和重大事故风险"一票否决"。加快安全生产法治化进程，严肃事故调查处理和责任追究。采用"四不两直"（不发通知、不打招呼、不听汇报、不用陪同和接待，直奔基层、直插现场）方式暗查暗访，建立安全生产检查工作责任制，实行谁检查、谁签字、谁负责。

（5）全面构建长效机制。安全生产要坚持标本兼治、重在治本，建立长效机制，坚持"常、长"二字，经常、长期抓下去。要做到警钟长鸣，用事故教训推动安全生产工作，做到"一厂出事故，万厂受教育；一地有隐患，全国受警示"。要建立隐患排查治理、风险预防控制体系，做到防患于未然。

## 第三节　安全生产管理体制

### 一、安全生产的主体地位

安全生产的主体地位确立，责任也就相应加重了。企业负责就是企业在其经营活动中必须对本企业安全生产负全面责任，企业法定代表人应是安全生产的第一责任人。各企业应建立安全生产责任制，在管生产的同时，必须搞好安全工作，这样才能达到责权利的相互统一。安全生产作为企业经营管理的重要组成部分，发挥着极大的保障作用。不能将安全生产与企业效益对立起来，片面理解扩大企业经营自主权。具体说，企业应自觉贯彻"安全第一，预防为主"的方针，必须遵守安全生产的法律、法规和标准，根据国家有关规定，制订本企业安全生产规章制度，必须设置安全机构、配备安全管理人员，对安全工作进行有效管理，必须提供符合国家安全生产要求的工作场所、生产设施，加强有毒有害、易燃易爆等危险品的管理，必须对特种作业人员进行安全资格考核，要求持证上岗等。

### 二、行业管理

政府运用经济手段、法律手段和必要的行政手段管理国民经济，不直接干预企业的生产经营活动。为适应这种要求，政府在管理安全生产工作时，也要按政企分开、精简、统一、效能的原则，配备精干人员，进行有效的管理。行业管理职能主要体现在行业主管部门根据国家有关的方针政策、法规和标准，对行业的安全工作进行管理和检查，通过计划、组织、协调、指导和监督检查，加强对行业所属企业以及归口管理的企业安全工作的管理，防止和控制伤亡事故和职业病。行业的安全管理不能放松。

### 三、国家监管

根据国家法律法规对安全生产工作进行监察，具有相对的独立性、公正性和权威性。安全监察部门对企业履行安全生产职责，依据安全生产法律、法规、政策情况进行监督检查，对不遵守国家安全生产法律、法规、标准的企业，要下达监察通知书，做出限期整改和停产整顿的决定，必要时，可提请当地人民政府或主管部门关闭企业。劳动行政主管部门配有安全监察员，要经常深入企业检查其对国家安全法律法规的执行落实情况，检查事故隐患，检查劳动条件和安全状况，检查企业职工安全教育、培训工作，参加事故调查和处理，帮助和指导企业做好安全生产。

### 四、群众监督

（1）群众监督是安全生产工作不可缺少的重要环节。群众监督不仅依靠各级工会，而且社会团体、新闻单位等也应对安全生产起监督作用，这是保障职工的合法权益，保障职工生命安全与健康和国家财产不受损失的重要保证。

（2）工会监督是群众监督的主要方面，是依据《中华人民共和国工会法》和国家有关法律法规对安全生产进行的监督。在社会主义市场经济体制建立过程中，要加大群众监督检查的力度，全心全意依靠群众搞好安全生产，依法维护工人的安全与健康，维护工人的合法权益。工会应充分发挥自身优势，履行群众监督职能，发动职工群众查隐患、保安全，教育职工遵章守纪，使党和国家的安全生产方针、政策、法律法规落实到企业，落实到每一个职工。

安全生产管理体制中，企业负责是管理体制的基础，也是安全生产管理工作的出发点和落脚点。企业负责是对其本身的安全负责，是一种自我约束。企业内部自我管理机制，主要由企业法定代表人，企业安全管理机构，企业生产、经营机构，企业职工代表大会或工会以及职工组成。企业内部本身形成一个自我约束的闭环反馈系统，但企业法定代表人在企业经营管理中起着决定性的作用。他对安全生产的重视程度有直接的关系。企业内部安全生产管理是内因，行业管理、国家监察、群众监督是外因。也就是说，企业应建立内部安全生产管理规章制度并定期进行检查，还要接受主管部门的行业管理，劳动部门的国家监察，工会及其他组织的群众监督，形成一个互相作用，互为补充的有机整体。

安全生产管理体制是在社会主义经济建设中不断总结经验的基础上发展起来的。随着经济体制改革的深入，社会主义市场经济的建立，安全生产管理体制还将不断加以补充和完善。

安全生产责任制是企业安全生产各项规章制度的核心。根据"管生产必须管安全""安全生产，人人有责"的原则而制订的，是企业安全管理中最基本的一项制度，在安全保证体系中起着重要的作用。

## 第四节 安全生产管理制度

### 一、安全生产责任制度

（1）安全生产责任制度主要包括企业主要负责人的安全责任，负责人或其他副职的安全责任，项目负责人（项目经理）的安全责任，生产、技术、材料等各职能管理负责人及其工作人员的安全责任，技术负责人（工程师）的安全责任，专职安全生产管理人员的安全责任，施工员的安全责任，班组长的安全责任和岗位人员的安全责任等。

（2）项目应对各级、各部门安全生产责任制规定检查和考核办法，并按规定期限进行考核，对考核结果及奖惩兑现情况应有记录。

（3）项目独立承包的工程在签订承包合同中必须有安全生产工作的具体指标和要求。工程由多单位施工时，总分包单位在签订分包合同的同时要签订安全生产合同（协议），签订合同前要检查分包单位的营业执照、企业资质证书、安全资格证书等。分包队伍的资质应与工程要求相符，在安全合同中应明确总分包单位各自的安全职责，原则上，实行总承包的由总承包单位负责，分包单位向总包单位负责，服从总包单位对施工现场的安全管理，分包单位在其分包范围内建立施工现场安全生产管理制度，并组织实施。

（4）项目的主要工种应有相应的安全技术操作规程，如砌筑工、抹灰工、混凝土工、木工、电工、钢筋工、机械修理工、起重司机、信号指挥、脚手架工人、水暖工、油漆工、电梯工、电气焊工等工种，特殊作业应另行补充。应将安全技术操作规程列为日常安全活动和安全教育的主要内容，并应悬挂在操作岗位前。

（5）工程项目部专职安全人员的配备应按住建部的规定，1万平方米以下工程1人，1万～5万平方米的工程不少于2人，5万平方米以上的工程不少于3人。

总之，企业实行安全生产责任制必须做到在计划、布置、检查、总结、评比生产的时候，同时计划、布置、检查、总结、评比安全工作。其内容大体分为两个方面：纵向方面是各级人员的安全生产责任制，即从最高管理者、管理者代表到项目负责人（项目经理）、技术负责人（工程师）、专职安全生产管理人员、施工员、班组长和岗位人员等各级人员的安全生产责任制；横向方面是各职能部门（如安全环保、设备、技术、生产、财务等部门）的安全生产责任制。只有这样，才能建立健全安全生产责任制，做到群防群治。

## 二、安全生产许可证制度

企业取得安全生产许可证，应当具备下列安全生产条件：

（1）建立、健全安全生产责任制，制订完备的安全生产规章制度和操作规程；

（2）安全投入符合安全生产要求；

（3）设置安全生产管理机构，配备专职安全生产管理人员；

（4）主要负责人和安全生产管理人员经考核合格；

（5）特种作业人员经有关业务主管部门考核合格，取得特种作业操作资格证书；

（6）从业人员经安全生产教育和培训合格；

（7）依法参加工伤保险，为从业人员缴纳保险费；

（8）厂房、作业场所和安全设施、设备、工艺符合有关安全生产法律、法规、标准和规程的要求；

（9）有职业危害防治措施，并为从业人员配备符合国家标准或者行业标准的劳动防护用品，如图 2-5 所示；

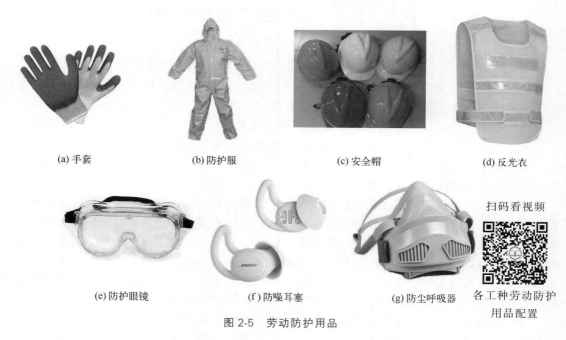

(a) 手套　　　　　　(b) 防护服　　　　　　(c) 安全帽　　　　　　(d) 反光衣

(e) 防护眼镜　　　　　(f) 防噪耳塞　　　　　(g) 防尘呼吸器

扫码看视频

各工种劳动防护用品配置

图 2-5　劳动防护用品

（10）依法进行安全评价；

（11）有重大危险源检测、评估、监控措施和应急预案；

（12）有生产安全事故应急救援预案、应急救援组织或者应急救援人员，配备必要的应急救援器材、设备；

（13）法律、法规规定的其他条件。

企业进行生产前，应当依照规定向安全生产许可证颁发管理机关申请领取安全生产许可证，并提供规定的相关文件、资料。安全生产许可证颁发管理机关应当自收到申请之日起45日内审查完毕，经审查符合该条例规定的安全生产条件的，颁发安全生产许可证；不符合规定的安全生产条件的，不予颁发安全生产许可证，书面通知企业并说明理由。

安全生产许可证的有效期为3年。安全生产许可证有效期满需要延期的，企业应当于期满前3个月向原安全生产许可证颁发管理机关办理延期手续。

企业在安全生产许可证有效期内，严格遵守有关安全生产的法律法规，未发生死亡事故的，安全生产许可证有效期届满时，经原安全生产许可证颁发管理机关同意，不再审查，安全生产许可证有效期延期3年。

企业不得转让、冒用安全生产许可证或者使用伪造的安全生产许可证。

### 三、政府安全生产监督检查制度

（1）国务院负责安全生产监督管理的部门依照《中华人民共和国安全生产法》的规定，对全国建设工程安全生产工作实施综合监督管理。

（2）县级以上地方人民政府负责安全生产监督管理的部门依照《中华人民共和国安全生产法》的规定，对本行政区域内建设工程安全生产工作实施综合监督管理。

（3）国务院建设行政主管部门对全国的建设工程安全生产实施监督管理。国务院铁路、交通、水利等有关部门按照国务院规定的职责分工，负责有关专业建设工程安全生产的监督管理。

（4）县级以上地方人民政府建设行政主管部门对本行政区域内的建设工程安全生产实施监督管理。县级以上地方人民政府交通、水利等有关部门在各自的职责范围内，负责本行政区域内的专业建设工程安全生产的监督管理。

（5）县级以上人民政府负有建设工程安全生产监督管理职责的部门在各自的职责范围内履行安全监督检查职责时，有权纠正施工中违反安全生产要求的行为，责令立即排除检查中发现的安全事故隐患，对重大隐患可以责令暂时停止施工。建设行政主管部门或者其他有关部门可以将施工现场安全监督检查委托给建设工程安全监督机构具体实施。

扫码看视频

施工现场安全活动

### 四、安全生产教育培训制度

#### （一）管理人员的安全教育

**1. 企业法定代表人安全教育的主要内容**

（1）国家有关安全生产的方针、政策、法律、法规及有关规章制度；

（2）安全生产管理职责、企业安全生产管理知识及安全文化；

（3）有关事故案例及事故应急处理措施等。

**2. 项目经理、技术负责人和技术干部安全教育的主要内容**

（1）安全生产方针、政策和法律、法规；

（2）项目经理部安全生产责任；

（3）典型事故案例剖析；

（4）本系统安全及其相应的安全技术知识。

**3. 行政管理干部安全教育的主要内容**

（1）安全生产方针、政策和法律、法规；

（2）基本的安全技术知识；

（3）本职安全生产责任。

**4. 企业安全管理人员安全教育内容**

（1）国家有关安全生产的方针、政策、法律、法规和安全生产标准；

（2）企业安全生产管理、安全技术、职业病知识、安全文件；

（3）员工伤亡事故和职业病统计报告及调查处理程序；

（4）有关事故案例及事故应急处理措施。

**5. 班组长和安全员的安全教育内容**

（1）安全生产法律、法规、安全技术及技能、职业病和安全文化的知识；

（2）本企业、本班组和工作岗位的危险因素、安全注意事项；

（3）本岗位安全生产职责；

（4）典型事故案例；

（5）事故抢救与应急处理措施。

### （二）特种作业人员的安全教育

特种作业人员必须经专门的安全技术培训并考核合格，取得《中华人民共和国特种作业操作证》后，方可上岗作业。

特种作业人员应当接受与其所从事的特种作业相应的安全技术理论培训和实际操作培训。已经取得职业高中、技工学校及中专以上学历的毕业生从事与其所学专业相应的特种作业，持学历证明经考核发证机关同意，可以免予相关专业的培训。

跨省、自治区、直辖市从业的特种作业人员，可以在户籍所在地或者从业所在地参加培训。

### （三）企业员工的安全教育

**1. 新员工上岗前的三级安全教育**

三级安全教育通常是指进厂、进车间、进班组三级，对建设工程来说，具体指企业（公司）、项目（或工区、工程处、施工队）、班组三级。

企业新员工上岗前必须进行三级安全教育，企业新员工须按规定通过三级安全教育和实际操作训练，并经考核合格后方可上岗。

（1）企业（公司）级安全教育由企业主管领导负责，企业职业健康安全管理部门会同有关部门组织实施，内容应包括安全生产法律、法规，通用安全技术、职业卫生和安全文化的基本知识，本企业安全生产规章制度及状况、劳动纪律和有关事故案例，等。

（2）项目（或工区、工程处、施工队）级安全教育由项目级负责人组织实施，专职或兼职安全员协助，内容包括工程项目的概况，安全生产状况和规章制度，主要危险因素及安全事项，预防工伤事故和职业病的主要措施，典型事故案例及事故应急处理措施，等。

（3）班组级安全教育由班组长组织实施，内容包括遵章守纪，岗位安全操作规程，岗位间工作衔接配合的安全生产事项，典型事故及发生事故后应采取的紧急措施，劳动防护用品（用具）的性能及正确使用方法等。

**2. 改变工艺和变换岗位时的安全教育**

（1）企业（或工程项目）在实施新工艺、新技术或使用新设备、新材料时，必须对有关人员进行相应级别的安全教育，要按新的安全操作规程教育和培训参加操作的岗位员工和有关人员，使其了解新工艺、新设备、新产品的安全性能及安全技术，以适应新的岗位作业的安全要求。

（2）当组织内部员工发生从一个岗位调到另外一个岗位，或从某工种改变为另一工种，或因放长假离岗一年以上重新上岗的情况，企业必须进行相应的安全技术培训和教育，以使其掌握现岗位安全生产特点和要求。

**3. 经常性安全教育**

无论何种教育都不可能是一劳永逸的，安全教育同样如此，必须坚持不懈、经常不断地进行，这就是经常性安全教育。在经常性安全教育中，安全思想、安全态度教育最重要。进行安全思想、安全态度教育，要通过采取多种多样形式的安全教育活动，激发员工搞好安全生产的热情，促使员工重视和真正实现安全生产。经常性安全教育的形式有：每天的班前班后会上说明安全注意事项；安全活动日；安全生产会议；事故现场会；张贴安全生产招贴画、宣传标语及标志等。

## 五、安全措施计划制度

**1. 安全措施计划的范围**

（1）安全技术措施，即预防企业员工在工作过程中发生工伤事故的各项措施，包括防护装置、保险装置、信号装置和防爆炸装置等。

（2）职业卫生措施，即预防职业病和改善职业卫生环境的必要措施，包括防尘、防毒、防噪声、通风、照明、取暖、降温等措施。

（3）辅助用房间及设施，即为了保证生产过程安全卫生所必需的房间及一切设施，包括更衣室、休息室、淋浴室、消毒室、妇女卫生室、厕所和冬期作业取暖室等。

（4）安全宣传教育措施，即为了宣传普及有关安全生产法律、法规、基本知识所需要的措施，其主要内容包括安全生产教材、图书、资料，安全生产展览，安全生产规章制度，安全操作方法训练设施，劳动保护和安全技术的研究与实验等。

**2. 编制安全措施计划的依据**

（1）国家发布的有关职业健康安全政策、法规和标准；

（2）在安全检查中发现的尚未解决的问题；

（3）造成伤亡事故和职业病的主要原因和所采取的措施；

（4）生产发展需要所应采取的安全技术措施；

（5）安全技术革新项目和员工提出的合理化建议。

**3. 编制安全措施计划的一般步骤**

（1）工作活动分类；

（2）危险源识别；

（3）风险确定；

（4）风险评价；

（5）制订安全措施计划；

（6）评价安全措施计划的充分性。

## 六、特种作业人员持证上岗制度

《建设工程安全生产管理条例》规定："垂直运输机械作业人员、起重机械安装拆卸工、爆破作业人员、起重信号工、登高架设作业人员等特种作业人员，必须按照国家有关规定经过专门的安全作业培训，并取得特种作业操作资格证书后，方可上岗作业。"

专门的安全作业培训，是指由有关主管部门组织的专门针对特种作业人员的培训，也就是特种作业人员在独立上岗作业前，必须进行与本工种相适应的、专门的安全技术理论学习和实际操作训练。经培训考核合格，取得特种作业操作证后，才能上岗作业。特种作业操作证在全国范围内有效，离开特种作业岗位6个月以上的特种作业人员，应当重新进行实际操作考试，经确认合格后方可上岗作业。对于未经培训考核即从事特种作业的，规定了行政处罚；造成重大安全事故，构成犯罪的，对直接责任人员，依照刑法的有关规定追究刑事责任。

### 七、专项施工方案专家论证制度

依据《建设工程安全生产管理条例》的规定，施工单位应当在施工组织设计中编制安全技术措施和施工现场临时用电方案，对下列达到一定规模的危险性较大的分部分项工程编制专项施工方案，并附具安全验算结果，经施工单位技术负责人、总监理工程师签字后实施，由专职安全生产管理人员进行现场监督：基坑支护与降水工程；土方开挖工程；模板工程；起重吊装工程；脚手架工程；拆除、爆破工程；国务院建设行政主管部门或者其他有关部门规定的其他危险性较大的工程。

对上述所列工程中涉及深基坑、地下暗挖工程、高大模板工程的专项施工方案，施工单位还应当组织专家进行论证、审查。

### 八、安全技术交底制度

（1）交底必须在施工作业前进行，任何项目在没有交底前不准施工作业。

（2）交底工作一般在施工现场项目部实施。

（3）交底必须履行交底人和被交底人的签字模式，书面交底一式两份，一份交给被交底人，一份附入安全生产台账备查。

（4）被交底者在执行过程中，必须接受项目部的管理、检查、监督、指导，交底人也必须深入现场，检查交底后的执行落实情况，发现有不安全因素，应马上采取有效措施，杜绝事故隐患。

### 九、严重危及施工安全的工艺、设备、材料淘汰制度

严重危及施工安全的工艺、设备、材料是指不符合安全生产要求，极有可能导致生产安全事故发生，致使人民生命和财产遭受重大损失的工艺、设备和材料。

《建设工程安全生产管理条例》规定："国家对严重危及施工安全的工艺、设备、材料实行淘汰制度。具体目录由国务院建设行政主管部门会同国务院其他有关部门制定并公布。"本条明确规定，国家对严重危及施工安全的工艺、设备和材料实行淘汰制度。这一方面有利于保障安全生产；另一方面也体现了优胜劣汰的市场经济规律，有利于提高生产经营单位的工艺水平，促进设备更新。

根据规定，对严重危及施工安全的工艺、设备和材料实行淘汰制度，需要国务院建设行政主管部门会同国务院其他有关部门确定哪些是严重危及施工安全的工艺、设备和材料，并且以明示的方法予以公布。对于已经公布的严重危及施工安全的工艺、设备和材料，建设单位和施工单位都应当严格遵守和执行条例要求，不得继续使用此类工艺、设备和材料，也不得转让给他人使用。

### 十、施工起重机械使用登记制度

《建设工程安全生产管理条例》规定："施工单位应当自施工起重机械和整体提升脚手

架、模板等自升式架设设施验收合格之日起三十日内，向建设行政主管部门或者其他有关部门登记。登记标志应当置于或者附着于该设备的显著位置。"

这是对施工起重机械的使用进行监督和管理的一项重要制度，能够有效防止不合格机械和设施投入使用；同时，还有利于监管部门及时掌握施工起重机械和整体提升脚手架、模板等自升式架设设施的使用情况，以利于监督管理。

进行登记应当提交施工起重机械有关资料，包括：

（1）生产方面的资料，如设计文件、制造质量证明书、检验证书、使用说明书、安装证明等；

（2）使用的有关情况资料，如施工单位对于这些机械和设施的管理制度和措施、使用情况、作业人员的情况等。

监管部门应当对登记的施工起重机械建立相关档案，及时更新，加强监管，减少安全生产事故的发生。施工单位应当将标志置于显著位置，便于使用者监督，保证施工起重机械的安全使用。

## 十一、安全检查制度

### 1. 安全检查的目的

安全检查制度是清除隐患、防止事故、改善劳动条件的重要手段，是企业安全生产管理工作的一项重要内容。通过安全检查可以发现企业及生产过程中的危险因素，以便有计划地采取措施，保证安全生产。

### 2. 安全检查的方式

检查方式有企业组织的定期安全检查，各级管理人员的日常巡回检查，专业性检查，季节性检查，节假日前后的安全检查，班组自检、交接检查，不定期检查，等等。

### 3. 安全检查的内容

安全检查的主要内容包括：查思想、查管理、查隐患、查整改、查伤亡事故处理等。安全检查的重点是检查"三违"和安全责任制的落实。检查后应编写安全检查报告，报告应包括以下内容：已达标项目，未达标项目，存在问题，原因分析，纠正和预防措施。

### 4. 安全隐患的处理程序

对查出的安全隐患，不能立即整改的要制订整改计划，定人、定措施、定经费、定完成日期，在未消除安全隐患前，必须采取可靠的防范措施，如有危及人身安全的紧急险情，应立即停工。应按照"登记－整改－复查－销案"的程序处理安全隐患。

## 十二、生产安全事故报告和调查处理制度

关于生产安全事故报告和调查处理制度，《中华人民共和国安全生产法》《中华人民共和国建筑法》《建设工程安全生产管理条例》《生产安全事故报告和调查处理条例》《特种设备安全监察条例》等法律法规都对此作了相应的规定。

《中华人民共和国安全生产法》规定："生产经营单位发生生产安全事故后，事故现场有关人员应当立即报告本单位负责人。""单位负责人接到事故报告后，应当迅速采取有效措施，组织抢救，防止事故扩大，减少人员伤亡和财产损失，并按照国家有关规定立即如实报告当地负有安全生产监督管理职责的部门，不得隐瞒不报、谎报或者拖延不报，不得故意破坏事故现场、毁灭有关证据。"

《中华人民共和国建筑法》规定："施工中发生事故时，建筑施工企业应当采取紧急措施

减少人员伤亡和事故损失，并按照国家有关规定及时向有关部门报告。"

《建设工程安全生产管理条例》对建设工程生产安全事故报告制度的规定为："施工单位发生生产安全事故，应当按照国家有关伤亡事故报告和调查处理的规定，及时、如实地向负责安全生产监督管理的部门、建设行政主管部门或者其他有关部门报告；特种设备发生事故的，还应当同时向特种设备安全监督管理部门报告。接到报告的部门应当按照国家有关规定，如实上报。"本条是关于发生伤亡事故时的报告义务的规定。一旦发生安全事故，及时报告有关部门是及时组织抢救的基础，也是认真进行调查、分清责任的基础。因此，施工单位在发生安全事故时，不能隐瞒事故情况。

《生产安全事故报告和调查处理条例》对生产安全事故报告和调查处理制度作了更加明确的规定。

## 十三、"三同时"制度

"三同时"制度是指凡是我国境内新建、改建、扩建的基本建设项目（工程），技术改建项目（工程）和引进的建设项目，其安全生产设施必须符合国家规定的标准，必须与主体工程同时设计、同时施工、同时投入生产和使用。安全生产设施主要是指安全技术方面的设施、职业卫生方面的设施、生产辅助性设施。

《中华人民共和国劳动法》规定"新建、改建、扩建工程的劳动安全卫生设施必须与主体工程同时设计、同时施工、同时投入生产和使用"。

《中华人民共和国安全生产法》规定"生产经营单位新建、改建、扩建工程项目的安全设施，必须与主体工程同时设计、同时施工、同时投入生产和使用。安全设施投资应当纳入建设项目概算"。

新建、改建、扩建工程的初步设计要经过行业主管部门、安全生产管理部门、卫生部门和工会的审查，同意后方可进行施工；工程项目完成后，必须经过主管部门、安全生产管理行政部门、卫生部门和工会的竣工检验；建设工程项目投产后，不得将安全设施闲置不用，生产设施必须和安全设施同时使用。

## 十四、安全预评价制度

安全预评价是在建设工程项目前期，应用安全评价的原理和方法对工程项目的危险性、危害性进行预测性评价。

开展安全预评价工作，是贯彻落实"安全第一，预防为主"方针的重要手段，是企业实施科学化、规范化安全管理的工作基础。科学、系统地开展安全评价工作，不仅直接起到了消除危险有害因素、减少事故发生的作用，有利于全面提高企业的安全管理水平，而且有利于系统地、有针对性地加强对不安全状况的治理、改造，最大限度地降低生产安全风险。

## 十五、意外伤害保险制度

《中华人民共和国建筑法》规定："建筑施工企业应当依法为职工参加工伤保险缴纳工伤保险费。鼓励企业为从事危险作业的职工办理意外伤害保险，支付保险费。"《中华人民共和国建筑法》与《中华人民共和国社会保险法》和《工伤保险条例》等法律法规的规定保持一致，明确了建筑施工企业作为用人单位，为职工参加工伤保险并缴纳工伤保险费是其应尽的法定义务，但为从事危险作业的职工投保意外伤害险并非强制性规定，是否投保意外伤害险由建筑施工企业自主决定。

## 第五节 文明施工管理要求

### 一、建设工程现场文明施工的总体要求

（1）有整套的施工组织设计或施工方案，施工总平面布置紧凑，施工场地规划合理，符合环保、市容、卫生的要求。

（2）有健全的施工组织管理机构和指挥系统，岗位分工明确；工序交叉合理，交接责任明确。

（3）有严格的成品保护措施和制度，大小临时设施和各种材料构件、半成品按平面布置要求堆放整齐。

（4）施工场地平整，道路畅通，排水设施得当，水电线路整齐，机具设备状况良好，使用合理，施工作业符合消防和安全要求。

（5）搞好环境卫生管理，包括施工区、生活区环境卫生和食堂卫生管理。

（6）文明施工应贯穿施工全过程，包括结束后的清场。

要想实现文明施工，不仅要抓好现场的场容管理，而且还要做好现场材料、机械、安全、技术、保卫、消防和生活卫生等方面的工作。

### 二、建设工程现场文明施工的措施

（1）建立文明施工的管理组织。应确立项目经理为现场文明施工的第一责任人，以各专业工程师及施工质量、安全、材料、保卫等现场项目经理部人员为成员的施工现场文明管理组织，共同负责本工程现场文明施工工作。

（2）健全文明施工的管理制度。包括建立各级文明施工岗位责任制，将文明施工工作考核列入经济责任制，建立定期的检查制度，实行自检、互检、交接检制度，建立奖惩制度，开展文明施工立功竞赛，加强文明施工教育培训等。

（3）落实现场文明施工的各项管理措施。针对现场文明施工的各项要求，落实相应的各项管理措施。

### 三、施工平面布置要求

施工现场总平面图（图2-6）是现场管理、实现文明施工的依据。施工现场总平面图应对施工机械设备、材料和构配件的堆场、现场加工场地以及现场临时运输道路、临时供水供电线路和其他临时设施进行合理布置，并随工程实施的不同阶段进行场地布置和调整。

### 四、现场围挡、标牌设置要求

（1）施工现场必须实行封闭管理，设置进出口大门，制订门卫制度，严格执行外来人员进场登记制度。沿工地四周连续设置围挡，市区主要路段和其他涉及市容景观路段的工地设置围挡的高度不低于2.5m，其他工地的围挡高度不低于1.8m，围挡材料要求坚固、稳定、统一、整洁、美观，如图2-7所示。

（2）施工现场必须设有"五牌一图"，即工程概况牌、管理人员名单及监督电话牌、消

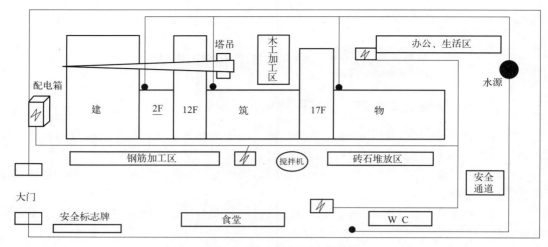

图 2-6　施工现场总平面图

图 2-7　沿工地四周连续设置围挡

防保卫（防火责任）牌、安全生产牌、文明施工牌和施工现场总平面图。

（3）施工现场应合理悬挂安全生产宣传和警示牌，标牌悬挂牢固可靠，特别是主要施工部位、作业点和危险区域以及主要通道口都必须有针对性地悬挂醒目的安全警示牌。

## 五、施工场地布置要求

（1）施工现场应积极推行硬地坪施工，作业区、生活区主干道地面必须用一定厚度的混凝土硬化，场内其他道路地面也应硬化处理，如图 2-8 所示。

（2）施工现场道路畅通、平坦、整洁，无散落物。

（3）施工现场排水系统排水畅通，不积水。

（4）严禁泥浆、污水、废水外流或未经允许排入河道，严禁堵塞下水道和排水河道。

（5）施工现场适当地方设置吸烟处，作业区内禁止吸烟。

（6）积极美化施工现场环境，根据季节变化，适当进行绿化布置。

图 2-8　预制混凝土硬化路面

### 六、材料堆放、周转设备管理要求

（1）建筑材料、构配件、料具必须按施工现场总平面图堆放，布置合理。

（2）建筑材料、构配件、料具必须做到安全、整齐堆放（存放），不得超高。堆料分门别类，悬挂标牌，标牌应统一制作，标明名称、品种、规格数量等。

（3）建立材料收发管理制度，仓库、工具间材料堆放整齐，易燃易爆物品分类堆放，专人负责，确保安全。

（4）施工现场建立清扫制度，落实到人，做到工完料尽场地清，车辆进出场应有防泥带出措施。建筑垃圾及时清运，临时存放现场的也应集中整齐堆放、悬挂标牌。不用的施工机具和设备应及时出场。

（5）施工设施、大模板、砖夹等集中整齐堆放，大模板成对放稳，角度正确。钢模及零配件、脚手架扣件分类分规格集中存放。竹木杂料分类堆放，规则成方，不散不乱，不作他用。

材料堆放现场如图 2-9 所示。

### 七、现场生活设施配备要求

（1）施工现场作业区与办公、生活区必须明显划分，确因场地狭窄不能划分的，要有可靠的隔离防护措施。

（2）宿舍内应确保主体结构安全，设施完好。宿舍周围环境应保持整洁、安全。

（3）宿舍内应有保暖、消暑、防煤气中毒、防蚊虫叮咬等措施。严禁使用煤气灶、煤油炉、电饭煲、热得快、电炒锅、电炉等器具。

（4）食堂应有良好的通风和洁卫措施，保持卫生整洁，炊事员持健康证上岗。

(a) 材料分批次、规格存放

(b) 钢材覆盖存放

(c) 机电安装线管存放

(d) 钢管存放

(e) 箍筋堆放

(f) 砌块堆放

(g) 模板堆放

图 2-9　材料堆放现场

（5）建立现场卫生责任制，设卫生保洁员。

（6）施工现场应设固定的男、女简易淋浴室和厕所，并要保证结构稳定、牢固和防风雨，并实行专人管理、及时清扫，保持整洁，要有灭蚊蝇防滋生措施。

## 八、现场消防管理要求

（1）现场建立消防管理制度，建立消防领导小组，落实消防责任制和责任人员，做到思想重视、措施跟上、管理到位。

（2）定期对有关人员进行消防教育，落实消防措施。

（3）现场必须有消防平面布置图，临时设施按消防条例有关规定搭设，做到标准规范。

（4）易燃易爆物品堆放间、油漆间、木工间、总配电室等消防防火重点部位要按规定设置灭火器和消防沙箱，并有专人负责，对违反消防条例的有关人员进行严肃处理。

（5）施工现场用明火做到严格按动用明火规定执行，审批手续齐全。

施工现场消防器材如图 2-10 所示。

图 2-10　施工现场消防器材

## 九、医疗急救管理要求

展开卫生防病教育，准备必要的医疗设施，配备经过培训的急救人员，有急救措施、急救器材和保健医药箱。在现场办公室的显著位置张贴急救车呼叫号码和有关医院的电话号码等。

## 十、社区服务管理要求

建立防止施工扰民的措施。现场不得焚烧有毒、有害物质等。

## 十一、门卫管理要求

（1）门卫人员值班时间必须坚守工作岗位，不得擅离职守。

（2）严格执行佩戴胸卡出入制度，外来人员必须出示证件并登记后方可进入工地，严禁儿童、无关人员进入工地，如图 2-11 所示。

图 2-11　严禁儿童、无关人员进入工地

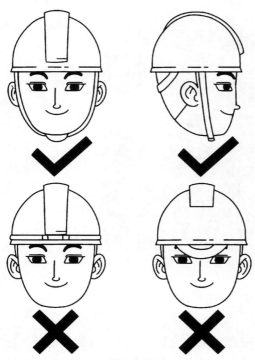

图 2-12　安全帽的佩戴方法

（3）严格监督进入现场人员正确佩戴安全帽。严禁穿拖鞋、硬底鞋、高跟鞋及光脚和打赤膊人员进入工地。安全帽的佩戴方法如图 2-12 所示。

（4）严禁赌博、酗酒、打架斗殴、卖淫嫖娼等丑恶现象发生。

（5）做好材料保卫工作，严防偷盗行为。凡出入车辆须经检查后，方可放行。

（6）做好成品、半成品保护工作，防止各类破坏行为。

（7）加强现场巡视，严防火灾发生。发现火灾隐患及时督促整改，并及时报告项目经理部。

（8）加强对外来民工的教育及管理工作，协助督促做好工地文明施工及卫生工作，搞好工地环境卫生，严禁乱丢、乱倒垃圾，及时向项目部反映有关情况。

（9）协助公安局、派出所做好外来民工管理工作，如发生严重的打架斗殴、偷盗等恶性事件应及时打 110 报警。

## 十二、卫生管理要求

（1）划分区域负责人，实行挂牌制，做到现场清洁整齐。

（2）施工现场办公室、仓库、职工宿舍保持环境清洁卫生，班组宿舍的衣物、日常用品等摆放整齐，如图 2-13 所示。

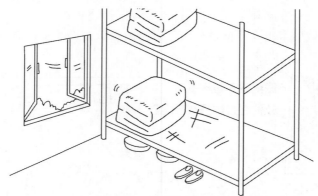

图 2-13　宿舍的衣物、日常用品等摆放整齐

（3）厨房卫生整洁，符合卫生检疫要求，炊事员须持定期体检，更新健康证，上岗须穿工作服，戴工作帽及口罩，保持个人卫生和内外环境清洁卫生，做到生熟食品隔离，有防蝇、鼠、尘设施。

（4）保证供应符合卫生要求的饮用水，茶水桶加盖加锁。

（5）如图 2-14 所示，厕所必须落实专人清洁，保持时时清洁，便槽不得有积垢。严禁随地大小便。

图 2-14　厕所必须落实专人清洁

（6）工人作业地点和周围必须清洁整齐，做到工完场清，不得留余料。垃圾集中堆放，及时清理，严禁随地丢垃圾，污水、废水不外溢。

（7）车辆进出清洗干净，不得污染道路。

## 十三、治安管理要求

（1）建立现场治安保卫领导小组，有专人管理。

（2）新入场的人员做到及时登记，做到合法用工。

（3）按照治安管理条例和施工现场的治安管理规定做好各项管理工作。

（4）建立门卫值班管理制度，严禁无证人员和其他闲杂人员进入施工现场，避免安全事故和失盗事件的发生。

施工现场监控设备和设施如图 2-15、图 2-16 所示。

图 2-15　施工现场监控设备

图 2-16　施工现场监控设施

## 第六节　安全施工相关人员的职责

### 一、经理的安全生产职责

（1）经理是安全生产的第一责任人，必须直接领导本公司的安全生产管理工作，认真贯彻国家、地方及行业的有关劳动保护的方针政策、法规、制度和标准，对单位安全生产工作负全面责任。

（2）主持召开重要的安全会议，每季度至少组织一次会议，研究安全生产工作，做出相应的决议，组织有关部门实施。

（3）组织审定安全生产规划和计划，根据国家规定，保证安全技术措施所需经费开支，有计划地解决重大隐患和职业危害，不断地改善劳动条件。

（4）及时研究解决安全生产方面的重大问题，要把安全工作列入重要议事日程，每次规划、布置、检查、总结、评比施工安全生产工作必须同时，规划、布置、检查、总结、评比安全工作。

（5）经常检查指导副职分管范围内的安全工作情况及下属各单位的安全意识和安全管理工作情况。

（6）按国家规定设立与本单位相适应的安全组织机构，配备有能力、坚持原则、年富力强、懂安全技术业务的安全管理（检查）人员。

（7）批准本单位内的安全生产规章制度和标准。

（8）按权限审定安全生产的表扬、奖励与处分事项。

（9）按权限主持伤亡事故的调查、分析和处理。

（10）主持领导本单位的安全生产委员会，并积极开展工作，定期向职工代表会议报告安全生产情况。

### 二、施工副经理的安全生产职责

（1）施工副经理是安全生产的直接责任人，协助经理抓好全面的安全生产工作，对本单位的安全生产、消防、文明施工、交通安全工作负具体领导责任。

（2）直接负责组织领导安全生产检查工作，指导协助各施工单位开展安全生产活动，并督促各施工单位安全措施的落实和施工现场隐患的整改。

（3）及时研究解决施工中的不安全问题和重大事故隐患并制订整改措施。

（4）按权限组织调查、分析、处理伤亡事故、机械事故、火灾事故和重大事故，并制订改进措施，组织落实。

（5）经常检查、指导安全专职部门的工作。

（6）负责审批本单位职工的安全教育培训、劳动卫生等工作计划，并组织实施。

### 三、分公司（项目）经理、工程处主任的安全生产职责

（1）必须认真贯彻安全生产方针、政策、法规，严格执行本公司的安全生产规章制度、标准和批示，对所组织的工程项目的施工安全、劳动保护负全面责任。

（2）组织制订与审定所负责的工程项目的安全生产和文明施工规划、制度并组织实施。

（3）主持安全会议或安全领导小组工作，定期召开安全生产会议，对本工程项目中有关施工安全、文明施工等问题及时予以解决。

（4）检查考核各施工单位的安全生产管理，督促各项安全技术措施方针的落实，认真抓好文明施工等问题并及时予以解决。

（5）协调施工进度与安全的矛盾，减少垂直交叉作业，坚持在安全的条件下组织施工。若发现严重威胁人身安全或可能造成重大机械、人身事故的隐患，应下达停工指令，进行整改。

（6）定期检查该项目工程中分包工程单位的安全管理规定执行情况。

（7）组织开展各项安全生产活动，定期进行安全检查，解决必要的活动经费。

（8）在本项目工程中对安全生产搞得好的单位和个人进行表扬和奖励，对存在问题较多的单位和违章作业的个人进行批评和处罚。

（9）发生伤亡事故应立即报告有关部门，并保护事故现场，配合事故调查组按"三不放过"原则，进行伤亡事故调查、分析、处理并应提出整改措施。

## 四、总工程师（技术负责人）的安全生产职责

（1）认真贯彻执行国家和上级有关劳动保护安全生产方面的条例、规定、规范和技术标准，对本单位施工中的一切安全技术上的问题负全面的责任。

（2）组织编制或审批施工组织设计时，应包括安全技术措施方案内容，并要做出具有针对性的技术和物质保证，落到实处并检查执行情况。

（3）在组织安全技术攻关和技术改造活动中，对使用的新技术、新材料、新工艺要进行安全可行性研究、分析，从技术上负责。

（4）经常对职工及所主管的职能部门进行安全知识的教育与考核，把提高广大职工安全技术素质和预防事故能力列为教育的内容和目的。

（5）将本单位存在的重大隐患和严重的职业危害问题列为重点研究项目，有步骤有计划地下达科研任务，组织力量攻克技术难关，切实改善劳动条件和清除安全上的隐患。

（6）组织制订安全技术操作规程和单位、分部工程安全技术措施，并检查执行和实施情况。在组织施工技术鉴定时，必须把安全技术措施列为重要内容，同时审查鉴定。

（7）参加重大伤亡事故、机械事故的调查，从技术分析事故原因，提出鉴定意见和改进措施。

（8）参加施工现场的安全检查，及时解决施工中的安全技术问题。

（9）对新进场的机械设备进行技术鉴定和吊重试验，组织有关技术人员鉴定、验收，方可进行使用。

## 五、工程技术员安全生产职责

（1）在工程技术总负责人的指导下，具体负责安全技术和日常生产管理工作，对每个工序施工做到心中有数，有措施、懂方法、有对策，确保安全生产。

（2）编制单位工程的施工方案，制订各项安全技术措施，确保施工安全进行。

（3）对工程概况、施工安全措施及施工方法等，在施工前有针对性地向施工员、班组长进行技术交底，对关键部位的安全技术措施于施工前向参与施工的全体人员进行交底。

（4）对施工中发生的一般安全事故，提出处理意见并报总工程师。对较大安全事故，经总工程师签证后方能处理。

（5）经常深入现场指导施工，解决一般性的技术问题，贯彻执行安全管理制度、施工验收规范、技术及安全操作规程。

（6）负责提出改善工地施工安全环境的措施并付诸实施。

（7）对工地职工进行安全技术教育培训，及时解决施工过程中的安全技术问题。

（8）参加重大伤亡事故的调查分析，提出技术性的鉴定意见和安全技术改进措施。

## 六、安全部（科）长的安全生产职责

（1）在施工副经理的领导下，负责主持安全部（科）的全面工作，是领导在安全生产中的助手，负责督促、检查、汇总全面安全生产工作情况，并做好协调工作，对本职责范围因工作失误导致的伤亡事故负责。

（2）认真贯彻执行国家、上级部门有关安全生产的方针、政策及法规条例、制度等文件精神，并组织落实。

（3）负责组织制订（修订）本单位的安全生产的制度、规程，经主管领导批准后发布、组织执行。

（4）负责组织各种安全生产检查，对检查出的事故隐患和安全设施问题，督促有关单位限期整改，对重大险情有权下达停工令，并报告主管领导，险情处理完后，经检查合格，方可开工作业。

（5）负责组织安全生产的宣传教育，协同有关部门对新工人、招聘民工开展三级安全教育（公司级），和组织特种作业人员的培训考核工作。

（6）组织推广目标管理，应用安全系统工程、标准化作业、微机管理等现代化安全管理方法，不断提高安全管理水平及事故预防预测能力。

（7）负责编制并组织实施中、长期安全生产规划和年度安全技术措施计划及年、季、月安全生产工作计划，并督促检查落实情况，帮助基层解决实施中存在的问题。

（8）参加和主持重伤以上事故的调查处理，按照"三不放过"的原则，提出对事故责任者处理意见和防止事故重复发生的措施。

（9）经常深入施工现场检查和了解安全施工生产状况，做好当日的安全工作日志，对施工中存在的不安全行为和隐患应立即制止，对严重"三违"行为，按章处理。

（10）负责组织开展安全竞赛活动和总结交流推广安全施工生产经验，协助基层做好安全宣传教育工作，定期向主管领导汇报安全生产开展情况，并按领导对安全工作的指示，协同有关部门落实。

（11）负责组织编写本单位简报和通报，报道安全生产方面的好人好事，向职工报告本单位的安全生产情况。

（12）监督检查分包、联营、技术协作项目中的安全工作。

（13）监督检查安全防护设施和劳动防护用品的质量，要求采购部门严禁购买伪劣产品。

## 七、工地主任、施工队长的安全生产职责

（1）认真贯彻执行"管生产必须管安全"的原则，对所领导的工地（队）安全生产工作负全面责任，按规定配备专职安全员并保持相对稳定，支持和指导他们的工作。

（2）认真贯彻执行上级有关安全生产的各项法令、法规和规章制度。

（3）按照施工组织设计（或施工方案）认真组织实施安全技术措施和安全技术交底，负责组织对新工人、招聘民工和复岗人员三级安全教育（工地级）。

（4）对施工现场的安全防护设施，施工用电、施工机械、吊装设备等安全防护装置，都要负责组织检查验收，合格后方准使用。

（5）每月组织一次本队的安全活动会议，和进行一次安全检查工作，对检查发现的隐患和安全设施上的问题应按"四定一不准"原则（即定整改方案、定整改完成时间、定整改负责人、定整改标准和本级能解决的问题不准推给上级）及时安排人员解决，对本级不能解决的要及时上报领导，协助予以解决。

（6）组织职工认真学习安全生产管理规定和安全技术操作规程，经常对职工进行安全思想教育，严格执行安全教育制度，关心职工的思想动态，提高安全意识，制止违章作业，严格执行安全奖罚制度。

（7）坚持"安全第一"的思想，当生产与安全发生矛盾时，应坚决服从安全要求，不违章指挥，并制止职工的违章作业。

（8）发生伤亡事故要紧急抢救受伤人员，保护好施工现场同时立即报告上级主管领导，对发生的伤亡事故，按"三不放过"原则处理，采取有效防范措施避免事故重复发生。

（9）坚决抵制伪劣的防护设施产品和劳动防护用品，禁止在施工现场使用不合格的产品。

（10）定期对职工进行安全考核，不合格者不准单独作业，特种作业人员要持证上岗，对经医生诊断不适宜从事所在岗位的工作人员要及时调整工作岗位。

（11）严格执行安全纪律，积极开展安全竞赛活动，健全各项规章制度，加强安全管理，认真消除事故隐患，促进安全生产。

## 八、工段长（施工员）的安全生产职责

（1）对本工段所承担的项目和班组工人在施工作业中的安全工作负直接责任，不违章指挥，应制止工人冒险作业。

（2）对施工现场的安全防护设施（施工机械设备、施工用电、外架、临边防护、井架等）是否完整、是否齐全有效、是否符合标准要求负主要责任。安全防护设施经检查验收合格后，方准工人上岗作业。

（3）在布置、计划、检查、总结、评比施工生产工作时，必须把安全工作贯穿到每个环节中去，特别要做好有针对性的书面安全交底，遇到施工进度与安全施工发生矛盾时，进度必须服从安全。

（4）搞好本工段各班组的安全活动日，开好班前安全技术交底会，组织班组学习安全技术操作规程。

（5）经常教育和检查工人遵守本工种安全技术操作规程，正确使用机械设备、工具、原材料，做好安全措施，遵守防护用品使用规定，并检查是否处于良好状态，做好新工人的工段一级的安全教育。

（6）有权拒绝上级的违章指挥，遇到事故险情时，有权立即指挥工人撤离现场。

（7）拒绝使用不合格的劳动防护用品和伪劣安全防护设施产品。

（8）发生伤亡事故、险肇事故时应立即报告，抢救伤员，保护好现场，在事故调查中如实提供有关情况。

## 九、班组长的安全生产职责

（1）负责班组的安全生产，对本班组所发生的伤亡事故负直接责任。

（2）遵守本工种安全技术操作规程和有关安全生产制度、规定，根据班组人员的技术、体力、思想等情况，合理安排工作，做好安全交底，开好班前班后的安全会。

（3）组织搞好每周一的安全活动日，安全活动要有重点、有内容、有记录，参加人员要有签字，并定时进行安全评比。

（4）服从安全员的检查，听从指挥，接受改进措施，做好上下班的交接工作和自检工作，对新调入的工人要进行班组一级的安全教育，并保证其熟悉施工现场的工作环境，必须在师傅带领下工作，不准单独作业。

（5）组织本班组职工学习安全技术操作规程和上级部门颁布的安全管理制度，教育本班组人员不得违章蛮干，不得擅自动用施工现场的水、电、风、汽机阀门和开关和随意拆除安全防护设施。

（6）经常检查所施工范围内的安全生产情况，发现隐患及时处理，不能解决的要及时上报。

（7）有权拒绝违章指挥，随时制止班组人员的违章作业行为。

（8）发生事故应立即组织抢救，保护事故现场，做好详细记录，并立即报告上级，事故调查组在调查事故情况时，应如实反映事故经过和原因，不得隐瞒和虚报。

## 十、生产工人的安全生产职责

（1）认真学习各项安全生产规章制度，提高安全生产知识和技术水平，掌握本工种的安全技术操作规程，听从安全人员的指导，不违章冒险作业。

（2）牢记"安全生产，人人有责"，树立"安全第一"的思想，遵章守纪提高安全生产意识，积极参加各项安全活动，接受安全教育。

（3）正确使用劳动防护用品和安全工具，使用前必须检查是否合格，应保护好施工现场安全标志和安全防护设施，不随意开动他人使用的机电设备。

（4）特种作业人员必须经劳动部门的培训、考试、发证后，方准上岗作业。

（5）施工前及施工过程中，对施工现场要进行检查，做好防护措施，不准盲目作业、冒险施工，设有安全警告的标志区域，切勿随意进入。

（6）坚持文明施工，爱护现场安全措施，不得随意乱拆乱动，不得将设备、材料等堆放在施工通道上，保持施工通道畅通。

（7）师傅对徒弟、老工人对新工人要进行安全教育，特别是危险性工作，要交代安全施工方法，并在施工中照顾他们的安全。

（8）遇到危及生命安全而又无防护措施保证的作业，工人有权拒绝施工，同时立即上报或越级上报有关部门领导。

（9）积极参加安全达标和文明施工活动，创建安全文明施工环境，提高安全意识，做到"三不伤害"（不伤害自己、不伤害他人、不被他人伤害）。

# 第三章 ▶▶

# 安全员需要掌握哪些岗位专业技能

## 第一节　如何编制建设工程施工安全生产管理计划

以下是某工程完整的施工安全生产管理计划，供读者参考。

### 一、安全工作目标

本标段工程的安全管理目标为：杜绝重大安全事故发生，轻伤事故发生率控制于千分之一以内，实现施工全过程安全生产。方针为：安全第一，预防为主；谁主管，谁负责。

### 二、严格执行安全生产考核制度

根据《中华人民共和国安全生产法》的要求，我部将完善安全生产责任制的制订，全面落实安全生产责任制，层层签订安全生产目标责任书。同时，我单位结合实际，制定有针对性的实施细则，使安全目标责任层层细化与量化，落实到各职能部门、项目部、班组、重要岗位及特殊岗位个人。坚持"管生产必须管安全"的原则，定期召开安全专题会议，组织参加安全检查，听取安全生产汇报，保证人、财、物的投入，做到安全工作与生产任务同计划、同布置、同检查、同总结、同评比。

### 三、提高管理及业务素质，加强机构人员配备

（1）及时完善各项安全规章制度，做到安全工作有法可依、有理有据，根据实际情况调整安全管理重点，根据人员调动，调整安全领导小组成员，积极主动地迎接各项上级安全检查工作，总结各项安全工作中的不足，积极改进，创新创誉。

（2）加强我部安全人员的配备，加强专业学习培训，逐步提高安全人员业务能力，以提高整体安全人员素质。

（3）我部安全员的配备须经培训合格持证上岗。

（4）坚决执行事故隐患整改领导负责制。实行逐级管理，施工现场中存在的事故隐患的处理必须由我部分管领导负责，限期整改落实。

### 四、加强安全宣传、教育培训，深入开展安全生产会议

（1）定期召开安全生产例会，每月组织不少于一次安全例会、安全大检查，每季度组织不少于一次安全综合评比，奖罚分明，促进安全工作的开展。对安全意识淡薄，不重视安全工作的管理人员、施工人员要进行相应的处罚，确保安全体系正常运行。

（2）重视安全培训教育，每季度组织不少于一次安全培训教育活动，组织管理人员、施工人员进行安全知识竞赛、安全影片观看、安全谜语竞猜等活动，丰富安全工作形式，以更好地达到安全宣传的效果。

（3）加强特殊工种岗位作业人员的培训、取证、复审的检查管理，定期分批组织特殊工种作业人员到有关单位进行岗位培训，严禁无证上岗。

（4）广泛利用施工安全简报、黑板报、宣传栏、标语等形式多样的安全教育方式，深入开展各种宣传教育，定期组织各工种人员进行安全知识培训，并将宣传、培训记录用图片或书面资料的形式存档。

（5）对工地新进场人员进行三级安全教育，教育形式应多种多样，切实可行，并做好教育记录，经考试合格者后方准上岗作业，教育率应达100%。

（6）组织专职安全管理人员及施工队安全员学习《中华人民共和国安全生产法》《建设工程安全生产管理条例》，增强安全管理的法制观念，提高认识水平和业务水平。

（7）组织专职安全管理人员及施工队安全员赴外地参观，实地借鉴安全管理到位的工地的工作方法，学习安全工作做得好的单位的有益经验和管理理念。

## 五、加大安全监督检查力度，严格奖罚

严格执行安全检查制度。采取定期检查与巡检相结合的方式和随机抽查的办法，实行动态管理。强化隐患整改及跟踪反馈工作，对查出的隐患应按"三定"（定人、定期限、定措施）原则进行整改，复检或两次检查不合格的将按我部及业主有关文件执行处罚，追究有关人员责任，并强制停工整改直至合格。

## 六、强化项目管理、制订达标计划

结合单位及项目实际，制订达标计划，在组织机构上落实好人员配置，充分发挥安全生产领导小组的作用，加强安全文明施工的检查工作，并将此项工作列入目标责任制考核中，严格奖罚。

（1）按照安全标准工地建设要求，搞好文明施工，争创文明工地，严格组织施工管理，创标准化施工现场，创造和保持一个清洁适宜的生活环境和生产环境。

（2）施工现场要挂有文明施工标牌、条幅，使施工现场安排做到布局合理，材料定位堆置、机具进出场有序，设备要集中堆放，特别是有危险的物品，实行专人专项保管。

（3）采取有力措施，保护本工程沿线附近建筑物、地上或地下的管线设施、栅栏、道路、水渠、树木、果林免遭损坏。

（4）施工过程中发现文物或有考古、地质研究价值的物品时，采取有效防护措施，派专人看管，保护现场并尽快上报建设方和有关部门听候处理。

（5）对影响社会交通及周围居民出行地段设立显著的施工告示牌、爆闪灯和围栏等，施工道路经常洒水，避免粉尘污染。

## 七、加强安全防护用品及设施的监督管理

（1）实行安全防护用品及设施准入制度。凡进入施工现场的安全防护用品及设施，包括安全帽、五芯电缆、铁壳开关箱、漏电保护器，必须是符合国家有关规范、标准的合格产品。

（2）做好设备的管理、验收、定期检查保养工作。进入施工现场的大、小型机械设备应实行进场验收并按规定办理"准用证"，禁止使用不合格机械，并养成定期检查施工设备的

习惯，做好机械设备的保养和维修，防止机械伤害、人员伤亡。

## 八、完善应急救援预案工作

根据《中华人民共和国安全生产法》规定，建筑施工单位的生产经营活动具有较高的风险，事故发生频率相对较高，影响面也较大，因此，必须建立应急救援组织。应急救援组织是单位内部专门从事应急救援工作的独立结构，一旦发生生产安全事故，应急救援组织就能够迅速、有效地投入抢救工作，防止事故进一步扩大，最大限度地减少人员伤亡和财产损失。事故应急预案具体内容如下。

**1. 应急救援组织机构组成**

明确应急救援指挥机构总指挥、副总指挥、各成员单位，及其相应职责。应急救援指挥机构根据事故类型和应急工作需要，可以设置相应的应急救援工作小组，并明确各小组的工作任务和职责。

**2. 机构职责**

（1）负责施工现场大型机械设备的安全运行、使用、保管工作。

（2）负责施工现场施工人员的安全管理工作。

（3）负责施工现场人员伤亡事故的处理。

（4）负责施工现场突发流行性、传染性疾病和食物中毒等的处理。

（5）负责施工现场发生火灾、跑水、触电、雷击、漏气、建筑物塌陷等事件的处理。

（6）负责其他重大安全隐患或其他安全、稳定事件的处理。

**3. 工作预案**

（1）第一时间向公司报告突发重大事项。

（2）事故现场操作的指挥和协调，包括与应急救援领导小组的协调。

（3）现场事故评估。

（4）保证现场人员和公众应急救援行动的执行。

（5）控制紧急情况。

（6）做好应急救援处理现场指挥权转化后的移交和应急救援处理协助工作。

（7）做好消防、医疗、交通管制、抢险救灾等各公共救援部门的联系工作。

**4. 安全稳定工作的制度、规定**

（1）请示报告制度。

（2）值班制度：包括施工现场24小时值班制度、公司节假日值班制度。

（3）检查制度：应急救援办公室结合安全生产工作，每月检查应急救援工作情况，发现问题及时整改。

（4）例会制度：应急救援办公室每季度结合监理例会、公司周例会组织召开一次安全稳定工作会议，检查上季度工作，并针对存在问题，积极采取有效措施，加以改进。

**5. 应急报警机制**

（1）应急上报机制：获取危险源凸显特征后或事故突发后，岗位责任人第一时间报告应急救援办公室负责人，负责人应立即向公司汇报，由应急救援领导小组组长决定是否启动应急预案。

（2）内部应急报警机制：应急预案启动后，全体相关人员进入应急反应状态。

（3）外部应急报警机制：内部报警机制启动的同时，按应急救援领导小组组长的部署，立即启动外部应急报警机制，向社会公共救援机构报警。

（4）汇报程序：按政府事故上报规定，依照程序向上级相关主管部门上报。

**6. 应急预案实施终止后的恢复工作**

（1）应急预案实施终止后，应采取有效措施防止事故扩大，保护事故现场。需要移动现场物品时，应当做出标记和书面记录，妥善保管有关物证，并按照国家有关规定及时向有关部门进行事故报告。

（2）对事故过程中造成的人员伤亡和财物损失做收集统计、归纳、形成文件等工作，为进一步处理事故的工作提供资料。

（3）认真科学、实事求是地对应急预案在事故发生的全过程作出总结，完善预案中的不足和缺陷，为预案修订提供经验和可操作性措施。

（4）依据公司的劳动奖罚制度，对事故过程中的功过人员进行奖罚，妥善处理好在事故中伤亡人员的善后工作。

## 九、合理使用安全生产管理费用，切实做到专款专用

认真贯彻执行国家关于安全生产管理费用的规定和业主下发相关文件中的规定和要求，严格审查安全生产费用的使用范围，合理使用安全生产管理费用，切实做到专款专用，切实改善一线工人的作业环境，避免安全事故的发生。

为了确保安全、高效地完成工程的建设，实现安全预定目标，促进安全生产工作，项目经理部设立安全生产领导小组，安全生产保障资金由安全生产领导小组管理。

## 十、做好施工现场安全管理和安全防护措施工作

（1）加强现场的安全检查工作。专职安全员坚持每天进行不少于两次现场安全检查，对专项安全施工、重大施工作业进行跟班、旁站制，指导施工现场安全作业，确保施工安全。

（2）及时更新危险源信息，细化危险源、敏感点的登记、销号工作。安全员在现场应注意发现安全隐患，并及时上报或安排人员消除安全隐患，保障施工顺利进行。

（3）专项、重大施工需重点注意，做好安全专项施工方案的编制，组织专职安全员进行相关预案的演练，做好各项专项施工的安全准备工作，根据需要配备专职安全员进行跟踪督促检查，确保各项专项施工的实施和落实。

（4）重视安全环保工作，严格禁止只顾生产、破坏环境的行为，在全线进行安全环保宣传，用实际行动感染施工人员，使其提高安全环保意识。根据施工进展，及时更新安全环保敏感点的调查，针对不同施工区域，细化各项安全环保工作，最大化地减小施工对环境的影响。

（5）抓好施工现场安全警示标志牌、安全防护网、防护栏杆、安全带等安全防护设施及用品的合理使用与维护工作。安全带的正确系法如图3-1所示。

图3-1 安全带的正确系法

（6）抓好特殊季节与夜间施工安全防护工作。做好施工现场临时用电安全管理工作，严禁乱拉、乱接电线，如图 3-2 所示。所有机械设备有漏电保护或外壳接地装置。

图 3-2　严禁乱拉、乱接电线

（7）做好与老路交叉地段的安全管理工作。本合同段与其他道路相交较多，非常容易出现交通安全事故，应针对实际情况制订切实可行的安全保通方案。

（8）全面排查整治火灾隐患，加强执勤备战，积极做好灭火救援准备，坚决杜绝各类火灾事故的发生。

安全是施工生产永恒的主题，我项目部十分重视安全生产工作，在工程实施过程中，我们将严格执行各项安全规章制度和施工程序，预防安全事故的发生，发扬团队力量，努力工作，把我项目部的安全生产工作推向一个新的层次。

## 第二节　如何制订和落实建设工程施工安全技术措施

### 一、施工安全的控制程序

（1）确定每项具体建设工程项目的安全目标。按"目标管理"方法在以项目经理为首的项目管理系统内进行分解，从而确定每个岗位的安全目标，实现全员安全控制。

（2）编制建设工程施工安全技术措施。工程施工安全技术措施是对生产过程中的不安全因素，用技术手段加以消除和控制的文件，是落实"预防为主"方针的具体体现，是进行工程项目安全控制的指导性文件。

（3）施工安全技术措施的落实和实施。施工安全技术措施的落实和实施包括建立健全安全生产责任制，设置安全生产设施，采用安全技术和应急措施，进行安全教育和培训，安全检查，事故处理，沟通和交流信息，通过一系列安全措施的贯彻，使生产作业的安全状况处于受控状态。

（4）施工安全技术措施的验证。施工安全技术措施的验证是通过施工过程中对安全技术措施实施情况的安全检查，纠正不符合安全技术措施的情况，保证安全技术措施的贯彻和实施。

（5）持续改进。根据施工安全技术措施的验证结果，对不适宜的施工安全技术措施进行修改、补充和完善。

## 二、施工安全技术措施的一般要求

（1）施工安全技术措施必须在工程开工前制订。施工安全技术措施是施工组织设计的重要组成部分，应在工程开工前与施工组织设计一同编制。为保证各项安全措施的落实，在工程图纸会审时，就应特别注意考虑安全施工的问题，并在开工前制订好安全技术措施，使得用于该工程的各种安全设施有较充分的时间进行采购、制作和维护等准备工作。

（2）施工安全技术措施要有全面性。对于大中型工程项目、结构复杂的重点工程，除必须在施工组织设计中编制施工安全技术措施外，还应编制专项工程施工安全技术措施，详细说明有关安全方面的防护要求和措施，确保单位工程或分部分项工程的施工安全。对爆破、拆除、起重吊装、水下、基坑支护和降水、土方开挖、脚手架、模板等危险性较大的作业，必须编制专项安全施工技术方案。

（3）施工安全技术措施要有针对性。施工安全技术措施是针对每项工程的特点制订的，编制安全技术措施的技术人员必须掌握工程概况、施工方法、施工环境及条件等一手资料，并熟悉安全法规、标准等，才能制订有针对性的安全技术措施。

（4）施工安全技术措施应力求全面、具体、可靠。施工安全技术措施应把可能出现的各种不安全因素考虑周全，制订的对策措施方案应力求全面、具体、可靠，这样才能真正做到预防事故的发生。但是，全面、具体不等于罗列一般通常的操作工艺、施工方法以及日常安全工作制度、安全纪律等。这些制度性规定，安全技术措施中不需要再作抄录，但必须严格执行。

（5）施工安全技术措施必须包括应急预案。施工安全技术措施是在相应的工程施工实施之前制订的，所涉及的施工条件和危险情况大都是建立在可预测的基础上，而建设工程施工过程是开放的过程，在施工期间的变化是经常发生的，还可能出现预测不到的突发事件或灾害（如地震、火灾、台风、洪水等）。所以，施工安全技术措施必须包括面对突发事件或紧急状态的各种应急设施、人员逃生和救援预案，以便在紧急情况下，能及时启动应急预案，减少损失，保护人员安全。

（6）施工安全技术措施要有可行性和可操作性。施工安全技术措施应能够在每个施工工序之中得到贯彻实施，既要考虑安全要求，又要考虑现场环境条件和施工技术条件。

## 三、施工安全技术措施的主要内容

（1）进入施工现场的安全规定。

（2）地面及深槽作业的防护措施。

（3）高处及立体交叉作业的防护措施。

（4）施工用电安全规定。

（5）施工机械设备的安全使用要求。

（6）在采取"四新"技术时，有针对性的专门的安全技术措施。

（7）针对自然灾害预防的安全措施。

（8）预防有毒、有害、易燃、易爆等作业造成危害的安全技术措施。

（9）现场消防措施。

施工安全技术措施中必须包含施工总平面图，在图中必须对危险的油库、易燃材料库、变电设备、材料和构配件的堆放、塔式起重机、物料提升机（井架、龙门架）、施工用电梯、垂直运输设备、搅拌台等按照施工需求和安全规程的要求明确定位，并提出具体要求。

结构复杂，危险性大、特性较多的分部分项工程，应编制专项施工方案和安全技术措施。如基坑支护与降水工程、土方开挖工程、模板工程、起重吊装工程、脚手架工程、拆除工程、爆破工程等，必须编制单项的安全技术措施，并要有设计依据、有计算、有详图、有文字要求。

季节性施工安全技术措施，是指考虑夏季、雨季、冬季等不同时期的气候对施工生产带来的不安全因素可能造成的各种突发性事故，而从物资上、技术上、管理上采取的防护措施。一般工程可在施工组织设计或施工方案的安全技术措施中编制季节性施工安全技术措施；危险性大、高温期长的工程，应单独编制季节性的施工安全技术措施。

## 第三节　如何进行建设工程施工安全技术交底

### 一、建设工程施工安全技术交底的内容

（1）工程项目和分部分项工程的概况。

（2）本施工项目的施工作业特点和危险点。

（3）针对危险点的具体预防措施。

（4）作业中应遵循的安全操作规程以及应注意的安全事项。

（5）作业人员发现事故隐患应采取的措施。

（6）发生事故后应及时采取的避难和急救措施。

### 二、建设工程施工安全技术交底的要求

（1）必须实行逐级安全技术交底的制度，纵向延伸到班组全体作业人员。

（2）技术交底必须具体、明确、针对性强。

（3）技术交底的内容应针对分部分项工程施工中给作业人员带来的潜在危险因素和存在问题。

（4）应优先采用新的安全技术措施。

（5）对于涉及"四新"项目或技术含量高、技术难度大的单项技术设计，必须经过两阶段技术交底，即初步设计技术交底和实施性施工图设计技术交底。

（6）应将工程概况、施工方法、施工程序、安全技术措施等向工长、班组长进行详细交底。

（7）定期向由两个以上作业队和多工种进行交叉施工的作业队伍进行书面交底。

（8）保存书面安全技术交底签字记录。

### 三、建设工程施工安全技术交底的作用

（1）施工安全技术交底能让一线作业人员了解和掌握该作业项目的安全技术操作规程和注意事项，减少因违章操作而导致事故的可能。

（2）施工安全技术交底是安全管理人员在项目安全管理工作中的重要环节。

（3）施工安全技术交底是安全管理的内容要求，同时也是安全管理人员自我保护的手段。

## 第四节　如何进行建设工程施工安全检查

### 一、建筑工程施工安全检查的主要内容

建筑工程施工安全检查主要以查安全思想、查安全责任、查安全制度、查安全措施、查安全防护、查设备设施、查教育培训、查操作行为、查劳动防护用品使用和查伤亡事故处理等为主要内容，要根据施工生产特点，具体确定检查的项目和检查的标准。

（1）查安全思想。主要是检查以项目经理为首的项目全体员工（包括分包作业人员）的安全生产意识和对安全生产工作的重视程度。

（2）查安全责任。主要是检查现场安全生产责任制度的建立情况；安全生产责任目标的分解与考核情况；安全生产责任制与责任目标是否已落实到了每一个岗位和每一个人员，并得到了确认。

（3）查安全制度。主要是检查现场各项安全生产规章制度和安全技术操作规程的建立和执行情况。

（4）查安全措施。主要是检查现场安全措施计划及各项安全专项施工方案的编制、审核、审批及实施情况；重点检查方案的内容是否全面、措施是否具体并有针对性，现场的实施运行是否与方案规定的内容相符。

（5）查安全防护。主要是检查现场临边、洞口等各项安全防护设施是否到位，有无安全隐患。

（6）查设备设施。主要是检查现场投入使用的设备设施的购置、租赁、安装、验收、使用、过程维护保养等各个环节是否符合要求；设备设施的安全装置是否齐全、灵敏、可靠，有无安全隐患。

（7）查教育培训。主要是检查现场教育培训岗位、教育培训人员、教育培训内容是否明确、具体、有针对性；三级安全教育制度和特种作业人员持证上岗制度的落实是否到位；教育培训档案资料是否真实、齐全。

（8）查操作行为。主要是检查现场施工作业过程中有无违章指挥、违章作业、违反劳动纪律的行为发生。

（9）查劳动防护用品的使用。主要是检查现场劳动防护用品及用具的购置、产品质量、配备数量和使用情况是否符合安全与职业卫生的要求。

（10）查伤亡事故处理。主要是检查现场是否发生伤亡事故，对发生的伤亡事故是否已按照"四不放过"的原则进行了调查处理，是否已有针对性地制订了纠正与预防措施；制订的纠正与预防措施是否已得到落实并取得实效。

### 二、建筑工程施工安全检查的主要形式

建筑工程施工安全检查的主要形式一般可分为日常巡查、专项检查、定期安全检查、经常性安全检查、季节性安全检查、节假日安全检查、开工及复工安全检查、专业性安全检查

和设备设施安全验收检查等。

安全检查的组织形式应根据检查的目的、内容而定，因此参加检查的组成人员也就不完全相同。

（1）定期安全检查。建筑施工企业应建立定期分级安全检查制度，定期安全检查属全面性和考核性的检查，建筑工程施工现场应至少每旬开展一次安全检查工作，应由项目经理亲自组织。

（2）经常性安全检查。建筑工程施工应经常开展预防性的安全检查工作，以便于及时发现并消除事故隐患，保证施工生产正常进行。施工现场经常性的安全检查方式主要有：

① 现场专（兼）职安全生产管理人员及安全值班人员每天例行开展的安全巡视、巡查；

② 现场项目经理、责任工程师及相关专业技术管理人员在检查生产工作的同时进行的安全检查；

③ 作业班组在班前、班中、班后进行的安全检查。

（3）季节性安全检查。季节性安全检查主要是针对气候特点（如：暑季、雨季、风季、冬季等）可能给安全生产造成的不利影响或带来的危害而组织的安全检查。

（4）节假日安全检查。在节假日，特别是重大或传统节假日（如："五一"、"十一"、元旦、春节等）前后和节日期间，为防止现场管理人员和作业人员思想麻痹、纪律松懈等而进行的安全检查。节假日加班，更要认真检查各项安全防范措施的落实情况。

（5）开工、复工安全检查。针对工程项目开工、复工之前进行的安全检查，主要是检查现场是否具备保障安全生产的条件。

（6）专业性安全检查。由有关专业人员对现场某项专业安全问题或在施工生产过程中存在的比较系统性的安全问题进行的单项检查。这类检查专业性强，主要应由专业工程技术人员、专业安全管理人员参加。

（7）设备设施安全验收检查。针对现场塔式起重机等起重设备、外用施工电梯、龙门架及井架物料提升机、电气设备、脚手架、现浇混凝土模板支撑系统等设备设施在安装、搭设过程中或完成后进行的安全验收、检查。

### 三、建筑工程施工安全检查的要求

（1）根据检查内容配备人员力量，抽调专业人员，确定检查负责人，明确分工。

（2）应有明确的检查目的和检查项目、内容及检查标准、重点、关键部位。对大面积或数量多的项目可采取系统的观感和一定数量的测点相结合的检查方法。检查时尽量采用检测工具，并做好检查记录。

（3）对现场管理人员和操作工人不仅要检查是否有违章指挥和违章作业行为，还应进行"应知应会"的抽查，以便了解管理人员及操作工人的安全素质和安全意识。对于违章指挥、违章作业行为，检查人员可以当场指出，进行纠正。

（4）认真、详细进行检查记录，特别是对隐患的记录必须具体，如隐患的部位、危险性程度及处理意见等。采用安全检查评分表的，应记录每项扣分的原因。

（5）检查中发现隐患应发出隐患整改通知书，责令责任单位进行整改，并作为整改后的备查依据。对凡是有即发型事故危险的隐患，检查人员应责令其停工，被查单位必须立即整改。

（6）尽可能系统、定量地做出检查结论，进行安全评价，以利受检单位根据安全评价研究对策，进行整改，加强管理。

（7）检查后应对隐患整改情况进行跟踪复查，查被检单位是否按"三定"原则（定人、定期限、定措施）落实整改，经复查整改合格后，进行销案。

## 四、建筑工程施工安全检查的方法

建筑工程安全检查在正确使用安全检查表的基础上，可以采用"听""问""看""量""测""运转试验"等方法进行。

（1）"听"。听取基层管理人员或施工现场安全员汇报安全生产情况，介绍现场安全工作经验、存在的问题、今后的发展方向。

（2）"问"。主要是指通过询问、提问，对以项目经理为首的现场管理人员和操作工人进行的应知应会抽查，以便了解现场管理人员和操作工人的安全意识和安全素质。

（3）"看"。主要是指查看施工现场安全管理资料和对施工现场进行巡视。例如：查看项目负责人、专职安全管理人员、特种作业人员等的持证上岗情况；现场安全标志设置情况；劳动防护用品使用情况；现场安全防护情况；现场安全设施及机械设备安全装置配置情况等。

（4）"量"。主要是指使用测量工具对施工现场的一些设施、装置进行实测实量。例如：对脚手架各种杆件间距的测量；对现场安全防护栏杆高度的测量；对电气开关箱安装高度的测量；对在建工程与外电边线安全距离的测量等。

（5）"测"。主要是指使用专用仪器、仪表等监测器具对特定对象关键特性技术参数的测试。例如：使用漏电保护器测试仪对漏电保护器漏电动作电流、漏电动作时间的测试；使用地阻仪对现场各种接地装置接地电阻的测试；使用兆欧表对电机绝缘电阻的测试；使用经纬仪对塔式起重机、外用电梯安装垂直度的测试等。

（6）"运转试验"。主要是指由具有专业资格的人员对机械设备进行实际操作、试验，检验其运转的可靠性或安全限位装置的灵敏性。例如：对塔式起重机力矩限制器、变幅限位器、起重限位器等安全装置的试验；对施工电梯制动器、限速器、上下极限限位器、门连锁装置等安全装置的试验；对龙门架超高限位器、断绳保护器等安全装置的试验等。

## 五、建筑工程施工安全检查项目的构成

"建筑施工安全检查评分汇总表"主要内容包括：安全管理、文明施工、脚手架、基坑工程、模板支架、高处作业、施工用电、物料提升机、施工升降机、塔式起重机、起重吊装、施工机具12项，汇总表得分作为对一个施工现场安全生产情况的综合评价依据。

（1）"安全管理"检查评定。保证项目应包括：安全生产责任制、施工组织设计及专项施工方案、安全技术交底、安全检查、安全教育、应急救援。一般项目应包括：分包单位安全管理、持证上岗、生产安全事故处理、安全标志。

（2）"文明施工"检查评定。保证项目应包括：现场围挡、封闭管理、施工场地、材料管理、现场办公与住宿、现场防火。一般项目应包括：综合治理、公示标牌、生活设施、社区服务。

（3）"脚手架"检查评分表分为"扣件式钢管脚手架检查评分表""门式钢管脚手架检查评分表""碗扣式钢管脚手架检查评分表""承插型盘扣式钢管脚手架检查评分表""满堂脚手架检查评分表""悬挑式脚手架检查评分表""附着式升降脚手架检查评分表""高处作业吊篮检查评分表"8种脚手架的安全检查评分表。

（4）"基坑工程"检查评定。保证项目包括：施工方案、基坑支护、降排水、基坑开挖、

坑边荷载、安全防护。一般项目包括：基坑监测、支撑拆除、作业环境、应急预案。

（5）"模板支架"检查评定。保证项目包括：施工方案、支架基础、支架构造、支架稳定、施工荷载、交底与验收。一般项目包括：杆件连接、底座与托撑、构配件材质、支架拆除。

（6）"高处作业"检查评定项目包括：安全帽、安全网、安全带、临边防护、洞口防护、通道口防护、攀登作业、悬空作业、移动式操作平台、悬挑式物料钢平台。安全网如图 3-3 所示。

图 3-3 用于避免、减轻坠落及物击伤害的安全网

（7）"施工用电"检查评定。保证项目应包括：外电防护、接地与接零保护系统、配电线路、配电箱与开关箱。一般项目应包括：配电室与配电装置、现场照明、用电档案。

（8）"物料提升机"检查评定。保证项目应包括：安全装置、防护设施、附墙架与缆风绳、钢丝绳、安拆、验收与使用。一般项目应包括：基础与导轨架、动力与传动、通信装置、卷扬机操作棚、避雷装置。

（9）"施工升降机"检查评定。保证项目应包括：安全装置、限位装置、防护设施、附墙架、钢丝绳、滑轮与对重、安拆、验收与使用。一般项目应包括：导轨架、基础、电气安全、通信装置。

（10）"塔式起重机"检查评定。保证项目应包括：载荷限制装置、行程限位装置、保护装置、吊钩、滑轮、卷筒与钢丝绳、多塔作业、安拆、验收与使用。一般项目应包括：附着、基础与轨道、结构设施、电气安全。

（11）"起重吊装"检查评定。保证项目应包括：施工方案、起重机械、钢丝绳与地锚、索具、作业环境、作业人员。一般项目应包括：起重吊装、高处作业、构件码放、警戒监护。

（12）"施工机具"检查评定项目应包括：平刨、圆盘锯、手持电动工具、钢筋机械、电焊机、搅拌机、气瓶、翻斗车、潜水泵、振捣器、桩工机械。

## 六、建筑工程施工安全检查的评分方法

（1）分项检查评分表和检查评分汇总表的满分分值均应为 100 分，评分表的实得分值应为各检查项目所得分值之和。

（2）评分应采用扣减分值的方法，扣减分值总和不得超过该检查项目的应得分值。

（3）当按分项检查评分表评分时，保证项目中有一项未得分或保证项目小计得分不足40分，此分项检查评分表不应得分。

（4）检查评分汇总表中各分项项目实得分值应按下式计算：

$$A_1 = \frac{B \times C}{100}$$

式中　$A_1$——汇总表各分项项目实得分值；

　　　$B$——汇总表中该项应得满分值；

　　　$C$——该项检查评分表实得分值。

（5）当评分遇有缺项时，分项检查评分表或检查评分汇总表的总得分值应按下式计算：

$$A_2 = \frac{D}{E} \times 100$$

式中　$A_2$——遇有缺项时总得分值；

　　　$D$——实查项目在该表的实得分值之和；

　　　$E$——实查项目在该表的应得满分值之和。

（6）脚手架、物料提升机与施工升降机、塔式起重机与起重吊装项目的实得分值，应为所对应专业的分项检查评分表实得分值的算术平均值。

（7）下面介绍评定等级的划分原则。

施工安全检查的评定结论分为优良、合格、不合格三个等级，依据是汇总表的总得分和保证项目的达标情况。

建筑施工安全检查评定的等级划分应符合下列规定。

① 优良：分项检查评分表无零分，汇总表得分值应在80分及以上。

② 合格：分项检查评分表无零分，汇总表得分值应在80分以下，70分及以上。

③ 不合格：a. 当汇总表得分值不足70分时；b. 当有一分项检查评分表为零时。

当建筑施工安全检查评定的等级为不合格时，必须限期整改直至达到合格。

## 第五节　如何编制和论证安全专项施工方案

### 一、安全专项施工方案编制的范围

#### （一）危险性较大的分部分项工程

**1. 基坑工程**

（1）开挖深度超过3m（含3m）的基坑（槽）的土方开挖、支护、降水工程。

（2）开挖深度虽未超过3m，但地质条件、周围环境和地下管线复杂，或影响毗邻建、构筑物安全的基坑（槽）的土方开挖、支护、降水工程。

**2. 模板工程及支撑体系**

（1）各类工具式模板工程：包括大模板、滑模、爬模、飞模、隧道模等模板工程。

（2）混凝土模板支撑工程：搭设高度5m及以上；搭设跨度10m及以上；施工总荷载10kN/m² 及以上；集中线荷载15kN/m 及以上；高度大于支撑水平投影宽度且相对独立无

联系构件的混凝土模板支撑工程。

（3）承重支撑体系：用于钢结构安装等的满堂支撑体系。

**3. 起重吊装及安装拆卸工程**

（1）采用非常规起重设备、方法，且单件起吊重量在10kN及以上的起重吊装工程。

（2）采用起重机械进行安装的工程。

（3）起重机械安装和拆卸工程。

**4. 脚手架工程**

（1）搭设高度24m及以上的落地式钢管脚手架工程（包括采光井、电梯井脚手架）。

（2）附着式升降脚手架工程。

（3）悬挑式脚手架工程。

（4）高处作业吊篮。

（5）卸料平台、移动操作平台工程。

（6）异型脚手架工程。

**5. 拆除工程**

可能影响行人、交通、电力设施、通信设施或其他建、构筑物安全的拆除工程。

**6. 暗挖工程**

采用矿山法、盾构法、顶管法施工的隧道、硐室工程。

**7. 其他**

（1）建筑幕墙安装工程。

（2）钢结构、网架和索膜结构安装工程。

（3）人工挖（扩）孔桩工程。

（4）水下作业工程。

（5）装配式建筑混凝土预制构件安装工程。

（6）采用新技术、新工艺、新材料、新设备及尚无相关技术标准的危险性较大的分部分项工程。

### （二）超过一定规模的危险性较大的分部分项工程

**1. 基坑工程**

开挖深度超过5m（含5m）的基坑（槽）的土方开挖、支护、降水工程。

**2. 模板工程及支撑体系**

（1）各类工具式模板工程：包括滑模、爬模、飞模、隧道模工程。

（2）混凝土模板支撑工程：搭设高度8m及以上；搭设跨度18m及以上；施工总荷载15kN/m² 及以上；集中线荷载20kN/m及以上的混凝土模板支撑工程。

（3）承重支撑体系：用于钢结构安装等的满堂支撑体系，承受单点集中荷载7kN以上的支撑体系。

**3. 起重吊装及安装拆卸工程**

采用非常规起重设备、方法，且单件起吊重量在100kN及以上的起重吊装工程。起重量300kN及以上，或搭设总高度200m及以上，或搭设基础标高在200m及以上的起重机械安装和拆卸工程。

**4. 脚手架工程**

（1）搭设高度50m及以上落地式钢管脚手架工程。

（2）提升高度在150m及以上的附着式升降脚手架工程或附着式升降操作平台工程。

（3）分段架体搭设高度20m及以上的悬挑式脚手架工程。

**5. 拆除工程**

（1）码头、桥梁、高架、烟囱、水塔或拆除中容易引起有毒有害气（液）体或粉尘扩散、易燃易爆事故发生的特殊建、构筑物的拆除工程。

（2）文物保护建筑、优秀历史建筑或历史文化风貌区控制范围的拆除工程。

**6. 暗挖工程**

采用矿山法、盾构法、顶管法施工的隧道、硐室工程。

**7. 其他**

（1）施工高度50m及以上的建筑幕墙安装工程。

（2）跨度36m及以上的钢结构安装工程；跨度60m及以上的网架和索膜结构安装工程。

（3）开挖深度超过16m的人工挖孔桩工程。

（4）水下作业工程。

（5）重量1000kN及以上的大型结构整体顶升、平移、转体等施工工艺。

（6）采用新技术、新工艺、新材料、新设备及尚无相关技术标准的危险性较大的分部分项工程。

## 二、安全专项施工方案编制的内容

**1. 项目概况**

危险性较大的分部分项工程简要介绍、施工平面布局、施工要求和技术保证条件。

主要从设计要求、地理地质情况、地区气候特征、场地交通条件、合同要求等角度进行描述和分析，并对工程的特殊性和重要性进行归纳，特别是特殊工艺和工程重点方面要进行简要的分析，并提出初步的设想。

**2. 编制依据**

相关法律、法规、规范性文件、标准、规范及图样（国标图集）、施工组织设计等。

**3. 施工计划**

包括施工进度计划、材料与设备计划。

（1）施工进度计划要有合理性，工程进度节点应满足合同要求，与建设单位的总体规划步调一致。

（2）材料与设备计划应根据工程特点，对施工机械设备的选型、数量、现场布置以及实际的供电能力等进行考虑，满足工程进度需要，满足施工现场需要。

**4. 施工工艺技术**

包括技术参数、工艺流程、施工方法、检查验收等。

**5. 施工安全保证措施**

（1）组织保障：健全的组织架构、完善的管理制度。

（2）技术措施的可行性。

（3）应急预案的可行性。

（4）监测监控制度的完善等。

**6. 施工管理及作业人员配备和分工**

包括专职安全生产管理人员、特种作业人员等。

专职安全生产管理人员应按规定要求足额配备；特种作业人员应按规定要求审查证件；人员、机具配置应满足施工现场需要等。

**7. 验收要求**

包括验收标准、验收程序、验收内容、验收人员。

**8. 应急处置措施**

包括目的、应急领导小组及其职责、应急预案、应急救援路线等。

**9. 计算书及相关图样**

施工参数应通过计算确定，公式、计算应正确。应有施工平面布置图、机械施工停放位置示意图、吊装作业的吊点示意图、线路管线走向示意图等。平面布置图中作业区和办公区、生活区的区域划分清晰；场内交通组织合理；各设备所处位置与作业面和材料堆放场地之间位置合理。

## 三、安全专项施工方案的审核要求

安全专项施工方案（简称"专项方案"）应当由施工单位技术部门组织本单位施工技术、安全、质量等部门的专业技术人员进行审核。经审核合格的，由施工单位技术负责人签字。实行施工总承包的，专项方案应当由总承包单位技术负责人及相关专业承包单位技术负责人签字。

不需专家论证的专项方案，经施工单位审核合格后报监理单位，由项目总监理工程师审查签字。

## 四、安全专项施工方案编制的论证要求

**1. 论证参加人员**

超过一定规模的危险性较大的分部分项工程专项方案应当由施工单位组织召开专家论证会。实行施工总承包的，由施工总承包单位组织召开专家论证会。

下列人员应当参加专家论证会：

（1）专家组成员。

（2）建设单位项目负责人或技术负责人。

（3）监理单位项目总监理工程师及相关人员。

（4）施工单位分管安全的负责人、技术负责人、项目负责人、专项方案编制人员、项目专职安全生产管理人员。

（5）勘察、设计单位项目技术负责人及相关人员。

**2. 专家论证的主要内容**

（1）专项方案内容是否完整、可行。

（2）专项方案计算书和验算依据是否符合有关标准规范。

（3）安全施工的基本条件是否满足现场实际情况。

**3. 其他**

专项方案经论证后，专家组应当提交论证报告，对论证的内容提出明确的意见，并在论证报告上签字。该报告作为专项方案修改完善的指导意见。施工单位应当根据论证报告修改完善专项方案，并经施工单位技术负责人、项目总监理工程师签字后，方可组织实施。实行施工总承包的，应当由施工总承包单位、相关专业承包单位技术负责人签字。

专项方案经论证后需做重大修改的，施工单位应当按照论证报告修改，并重新组织专家进行论证。

施工单位应当严格按照专项方案组织施工，不得擅自修改、调整专项方案。若随意更改，将改变实际受力情况，这样会使理论计算和实际施工产生大的偏差，容易造成事故。

如因设计、结构、外部环境等因素发生变化确需修改的，修改后的专项方案应当重新审核。对于超过一定规模的危大工程的专项方案，施工单位应当重新组织专家进行论证。

# 第四章 ▶▶

# 安全员如何认定与防范安全隐患

扫码看视频

安全隐患与防范

## 第一节 工程生产安全重大事故隐患

### 一、施工安全管理重大事故隐患

（1）建筑施工企业未取得安全生产许可证擅自从事建筑施工活动。

（2）施工单位的主要负责人、项目负责人、专职安全生产管理人员未取得安全生产考核合格证书从事相关工作。

（3）建筑施工特种作业人员未取得特种作业人员操作资格证书上岗作业。

（4）危险性较大的分部分项工程未编制、未审核专项施工方案，或未按规定组织专家对"超过一定规模的危险性较大的分部分项工程范围"的专项施工方案进行论证。

### 二、基坑工程重大事故隐患

（1）对因基坑工程施工可能造成损害的毗邻重要建筑物、构筑物和地下管线等，未采取专项防护措施。

（2）基坑土方超挖且未采取有效措施。

（3）深基坑施工未进行第三方监测。

（4）有下列基坑坍塌风险预兆之一，且未及时处理：

① 支护结构或周边建筑物变形值超过设计变形控制值；

② 基坑侧壁出现大量漏水、流土；

③ 基坑底部出现管涌；

④ 桩间土流失孔洞深度超过桩径。

### 三、模板工程重大事故隐患

（1）模板工程的地基基础承载力和变形不满足设计要求。

（2）模板支架承受的施工荷载超过设计值。

（3）模板支架拆除及滑模、爬模爬升时，混凝土强度未达到设计或规范要求。

### 四、脚手架工程重大事故隐患

（1）脚手架工程的地基基础承载力和变形不满足设计要求。

（2）未设置连墙件或连墙件整层缺失。

（3）附着式升降脚手架未经验收合格即投入使用。

（4）附着式升降脚手架的防倾覆、防坠落或同步升降控制装置不符合设计要求、失效、被人为拆除破坏。

（5）附着式升降脚手架使用过程中架体悬臂高度大于架体高度的 2/5 或大于 6m。

## 五、起重机械及吊装工程重大事故隐患

（1）塔式起重机、施工升降机、物料提升机等起重机械设备未经验收合格即投入使用，或未按规定办理使用登记。

（2）塔式起重机独立起升高度、附着间距和最高附着以上的最大悬高及垂直度不符合规范要求。

（3）施工升降机附着间距和最高附着以上的最大悬高及垂直度不符合规范要求。

（4）起重机械安装、拆卸、顶升加节以及附着前未对结构件、顶升机构和附着装置以及高强度螺栓、销轴、定位板等连接件及安全装置进行检查。

（5）建筑起重机械的安全装置不齐全、失效或者被违规拆除、破坏。

（6）施工升降机防坠安全器超过定期检验有效期，标准节连接螺栓缺失或失效。

（7）建筑起重机械的地基基础承载力和变形不满足设计要求。

## 六、高处作业重大事故隐患

（1）钢结构、网架安装用支撑结构地基基础承载力和变形不满足设计要求，钢结构、网架安装用支撑结构未按设计要求设置防倾覆装置。

（2）单榀钢桁架（屋架）安装时未采取防失稳措施。

（3）悬挑式操作平台的搁置点、拉结点、支撑点未设置在稳定的主体结构上，且未做可靠连接。

## 七、施工临时用电重大事故隐患

特殊作业环境（隧道、人防工程，高温、有导电灰尘、比较潮湿等作业环境）照明未按规定使用安全电压。

## 八、有限空间作业重大事故隐患

（1）有限空间作业未履行"作业审批制度"，未对施工人员进行专项安全教育培训，未执行"先通风、再检测、后作业"原则。

（2）有限空间作业时现场未有专人负责监护工作。

## 九、拆除工程重大事故隐患

拆除施工作业顺序不符合规范和施工方案要求的，应判定为重大事故隐患。

## 十、暗挖工程重大事故隐患

（1）作业面带水施工未采取相关措施，或地下水控制措施失效且继续施工。

（2）施工时出现涌水、涌沙、局部坍塌，支护结构扭曲变形或出现裂缝，且有不断增大趋势，未及时采取措施。

### 十一、其他重大事故隐患

（1）使用危害程度较大、可能导致群死群伤或造成重大经济损失的施工工艺、设备和材料。

（2）其他严重违反房屋市政工程安全生产法律法规、部门规章及强制性标准，且存在危害程度较大、可能导致群死群伤或造成重大经济损失的现实危险。

## 第二节　工程生产安全隐患的防范

### 一、基础工程安全隐患防范

**1. 专项施工方案的编制**

（1）土方开挖之前要根据土质情况、基坑深度以及周边环境确定开挖方案和支护方案，深基坑或土层条件复杂的工程应委托具有岩土工程专业资质的单位进行边坡支护的专项设计。

（2）土方开挖专项施工方案的主要内容应包括：放坡要求、支护结构设计、机械选择、开挖时间、开挖顺序、分层开挖深度、坡道位置、车辆进出道路、降水措施及监测要求等。

**2. 基坑（槽）开挖前的勘察内容**

（1）详尽搜集工程地质和水文地质资料。

（2）认真查明地上、地下各种管线（如上下水、电缆、煤气、污水、雨水、热力等管线或管道）的分布和性状、位置和运行状况。

（3）充分了解和查明周围建（构）筑物的状况。

（4）充分了解和查明周围道路交通状况。

（5）充分了解周围施工条件。

**3. 基坑（槽）土方开挖与回填安全技术措施**

（1）基坑（槽）开挖时，两人操作间距应大于 2.5m。多台机械开挖，挖土机间距应大于 10m。在挖土机工作范围内，不允许进行其他作业。挖土应由上而下，逐层进行，严禁先挖坡脚或逆坡挖土。

（2）土方开挖不得在危岩、孤石或贴近未加固的危险建筑物的下面进行。施工中在基坑周边应设排水沟，防止地面水流入或渗入坑内，以免发生边坡塌方。

（3）基坑周边严禁超堆荷载。在坑边堆放弃土、材料和移动施工机械时，应与坑边保持一定的距离，当土质良好时，要距坑边 1m 以外，堆放高度不能超过 1.5m。

（4）基坑（槽）开挖应严格按要求进行放坡。施工时应随时注意土壁的变化情况，如发现有裂纹或部分坍塌现象，应及时进行加固支撑或放坡，并密切注意支撑的稳固和土壁的变化，同时对坡顶、坡面、坡脚采取降排水措施。当采取不放坡开挖时，应设置临时支护，各种支护应根据土质及基坑深度经计算确定。

（5）采用机械多台阶同时开挖时，应验算边坡的稳定，挖土机离边坡应保持一定的安全距离，以防塌方，造成翻机事故。

（6）在有支撑的基坑（槽）中使用机械挖土时，应采取必要措施防止碰撞支护结构、工程桩或扰动基底原土。在坑槽边使用机械挖土时，应计算支护结构的整体稳定性，必要时应采取措施加强支护结构。

（7）开挖至坑底标高后坑底应及时满封闭并进行基础工程施工。

（8）地下结构工程施工过程中应及时进行夯实回填土施工。在进行基坑（槽）和管沟回填土时，其下方不得有人，所使用的打夯机等要检查电气线路，防止漏电、触电，停机时要切断电源。

（9）在拆除护壁支撑时，应按照回填顺序，从下而上逐步拆除。更换护壁支撑时，必须先安装新的，再拆除旧的。

**4. 基坑开挖的监测**

（1）基坑开挖前应制订系统的开挖监测方案，监测方案应包括监测目的、监测项目、监测报警值、监测方法及精度要求、监测点的布置、监测周期、工序管理和记录制度以及信息反馈系统等。

（2）基坑工程的监测包括支护结构的监测和周围环境的监测。重点是做好支护结构水平位移、周围建筑物、地下管线变形、地下水位等的监测。

**5. 地下水控制**

（1）为保证基坑开挖安全，在支护结构设计时，应根据场地及周边工程地质条件、水文地质条件和环境条件并结合基坑支护和基础施工方案综合确定地下水控制的设施和施工。

（2）地下水控制方法分为集水明排、降水、截水和回灌等形式，可单独或组合使用。

（3）当因降水而危及基坑及周边环境安全时，宜采用截水或回灌方法。如果截水后，基坑中的水量或水压较大时，宜采用基坑内降水。

（4）当基坑底为隔水层且层底作用有承压水时，应进行坑底突涌验算，必要时可采取水平封底隔渗或钻孔减压措施保证坑底土层稳定。

**6. 基坑施工的安全应急措施**

（1）在基坑开挖过程中，一旦出现了渗水或漏水，应根据水量大小，采用坑底设沟排水、引流修补、密实混凝土封堵、压密注浆、高压喷射注浆等方法及时进行处理。

（2）如果水泥土墙等重力式支护结构位移超过设计估计值时，应予以高度重视，同时做好位移监测，掌握发展趋势。如果位移持续发展，超过设计值较多时，则应采用水泥土墙背后卸载、加快垫层施工及加大垫层厚度和加设支撑等方法及时进行处理。

（3）如果悬臂式支护结构位移超过设计值时，应采取加设支撑或锚杆、支护墙背卸土等方法及时进行处理。如果悬臂式支护结构发生深层滑动时，应及时浇筑垫层，必要时也可以加厚垫层，形成下部水平支撑。

（4）如果支撑式支护结构发生墙背土体沉陷，应采取增设坑外回灌井、进行坑底加固、垫层随挖随浇、加厚垫层或采用配筋垫层、设置坑底支撑等方法及时进行处理。

（5）对于轻微的流砂现象，在基坑开挖后可采用加快垫层浇筑或加厚垫层的方法"压住"流砂。对于较严重的流砂，应增加坑内降水措施进行处理。

（6）如果发生管涌，可以在支护墙前再打设一排钢板桩，在钢板桩与支护墙间进行注浆。

（7）对邻近建筑物沉降的控制一般可以采用回灌井、跟踪注浆等方法。对于沉降很大，而压密注浆又不能控制的建筑，如果基础是钢筋混凝土的，则可以考虑采用静力锚杆压桩的方法进行处理。

（8）对于基坑周围管线保护的应急措施一般包括增设回灌井、打设封闭桩或管线架空等方法。

**7. 打（沉）桩施工安全控制要点**

（1）打（沉）桩施工前，应编制专项施工方案，对邻近的原有建筑物、地下管线等进行全面检查，对有影响的建筑物或地下管线等，应采取有效的加固措施或隔离措施，以确保施工安全。

（2）打桩机行走道路必须保持平整、坚实，保证桩机移动时的安全。场地的四周应挖排水沟用于排水。

（3）在施工前应先对机械进行全面的检查，发现有问题时应及时解决。对机械全面检查后要进行试运转，严禁机械带病作业。

（4）在吊装就位作业时，起吊速度要慢，并要拉住溜绳。在打桩过程中遇有地坪隆起或下陷时，应随时调平机架及路轨。

（5）机械操作人员在施工时要注意机械运转情况，发现异常要及时进行纠正。要防止机械倾斜、倾倒、桩锤突然下落等事故、事件的发生。打桩时桩头垫料严禁用手进行拨正。

（6）钻孔灌注桩在已钻成的孔尚未浇筑混凝土前，必须用盖板封严桩孔。钢管桩打桩后必须及时加盖临时桩帽。预制混凝土桩送桩入土后的桩孔，必须及时用砂或其他材料填灌，以免发生人身伤害事故。

（7）在进行冲抓钻或冲孔锤操作时，任何人不准进入落锤区施工范围内。在进行成孔钻机操作时，钻机要安放平稳，要防止钻架突然倾倒或钻具突然下落而发生事故。

（8）施工现场临时用电设施的安装和拆除必须由持证电工操作。机械设备电器必须按规定做好接零或接地，正确使用漏电保护装置。

**8. 灌注桩施工安全控制要点**

（1）灌注桩施工前应编制专项施工方案，严格按方案规定的程序组织施工。

（2）灌注桩在已成孔未浇筑前，应用盖板封严或沿四周设安全防护栏杆，以免掉土或发生人身安全事故。

（3）所有的设备电路应架空设置，不得使用不防水的电线或绝缘层有损坏的电线。电器必须有接地、接零和漏电保护装置。

（4）现场施工人员必须戴安全帽，拆除串筒时上空不得进行作业。严禁酒后操作机械和上岗作业。

（5）混凝土浇筑完毕后，及时抽干空桩部分泥浆，立即用素土回填，以免发生人、物陷落事故。

**9. 人工挖孔桩施工安全控制要点**

（1）人工挖孔桩施工前应编制专项施工方案，严格按方案规定的程序组织施工。开挖深度超过16m的人工挖孔桩工程还要对专项施工方案进行专家论证。

（2）桩孔内必须设置应急软爬梯供人员上下井，使用的电葫芦、吊笼等应安全可靠，并配有自动卡紧保险装置。

（3）每日开工前必须对井下有毒有害气体成分和含量进行检测，并应采取可靠的安全防护措施。桩孔开挖深度超过10m时，应配置专门向井下送风的设备。

（4）孔口内必须挖出的土石方应及时运离孔口，不得堆放在孔口四周1m范围内。机动车辆通行应远离孔口。

（5）挖孔桩各孔内用电严禁一闸多用。孔上电缆必须架空2.0m以上，严禁拖地和埋压土中，孔内电缆线必须有防磨损、防潮、防断等措施。照明应采用安全矿灯或12V以下的安全电压。

## 二、脚手架搭设安全隐患防范

**1. 编制施工方案**

脚手架搭设之前，应根据工程的特点和施工工艺要求确定搭设（包括拆除）施工方案。施工方案内容主要应包括如下内容。

（1）材料要求。

（2）基础要求。

（3）荷载计算、计算简图、计算结果、安全系数。

（4）立杆横距、立杆纵距、杆件连接、步距、允许搭设高度、连墙杆做法、门洞处理、剪刀撑要求、脚手板、挡脚板、扫地杆等构造要求。

（5）脚手架搭设、拆除做法，安全技术措施及安全管理、维护、保养的要求以及平面图、剖面图、立面图、节点图要反映杆件连接、拉结基础等情况。

（6）悬挑式脚手架有关悬挑梁、横梁等的加工节点图，悬挑梁与结构的连接节点，钢梁平面图，悬挑设计节点图。

**2. 脚手架的地基与基础施工的安全控制要点**

（1）脚手架底面底座标高宜高于自然地坪 50～100mm。

（2）当脚手架基础下有设备基础、管沟时，在脚手架使用过程中不应开挖，否则必须采取加固措施。

**3. 脚手架搭设的安全控制要点**

（1）底座、垫板均应准确地放在定位线上，垫板应采用长度不少于 2 跨、厚度不小于 50mm、宽度不小于 200mm 的木垫板。

（2）作业层上的施工荷载应符合作业要求，不得超载。不得将模板支架、缆风绳、泵送混凝土和砂浆的运输管等固定在脚手架上。严禁悬挂起重设备。

（3）单排脚手架的横向水平杆不应设置在下列部位：

① 设计上不许留脚手眼的部位；

② 过梁上与过梁两端成 60°的三角形范围内及过梁净跨度 1/2 的高度范围内；

③ 宽度小于 1m 的窗间墙；120mm 厚墙、料石清水墙和独立柱；

④ 梁或梁垫下及其左右 500mm 范围内；

⑤ 砖砌体门窗洞口两侧 200mm（石砌体为 300mm）和转角处 450mm（石砌体为 600mm）范围内；

⑥ 独立或附墙砖柱，空斗砖墙、加气块墙等轻质墙体；

⑦ 砌筑砂浆强度等级小于或等于 M2.5 的砖墙。

（4）脚手架必须配合施工进度搭设，一次搭设高度不应超过相邻连墙件以上两步。

（5）纵向水平杆应设置在立杆内侧，其长度不应小于 3 跨。

（6）纵向水平杆接长应采用对接扣件连接或搭接。纵向水平杆的对接扣件应交错布置：两根相邻纵向水平杆的接头不应设置在同步或同跨内；不同步或不同跨两个相邻接头在水平方向错开的距离不应小于 500mm；各接头中心至最近主节点的距离不应大于纵距的 1/3。搭接长度不应小于 1m，应等间距设置 3 个旋转扣件固定，端部扣件盖板边缘至搭接纵向水平杆杆端的距离不应小于 100mm。

（7）主节点处必须设置一根横向水平杆，用直角扣件扣接且严禁拆除。主节点处的两个直角扣件的中心距不应大于 150mm。在双排脚手架中，离墙一端的外伸长度不应大于两节点的中心距离的 40%，且不应大于 500mm。作业层上非主节点处的横向水平杆，最大间距不应大于纵距的 1/2。

（8）冲压钢脚手板、木脚手板、竹串片脚手板等，应设置在三根横向水平杆上。当脚手板长度小于 2m 时，可采用两根横向水平杆支撑，但应将脚手板两端与其可靠固定，严防倾翻。此三种脚手板的铺设应采用对接平铺或搭接铺设。脚手板对接平铺时，接头处必须设两根横向水平杆，脚手板外伸长应取 130～150mm，两块脚手板外伸长度之和不应大于 300mm；脚手板搭接铺设时，接头必须支在横向水平杆上，搭接长度不应小于 200mm，其伸出横向水平杆的长度不应小于 100mm。

（9）脚手架必须设置纵、横向扫地杆。纵向扫地杆应采用直角扣件固定在距底座上皮不大于 200mm 处的立杆上。横向扫地杆宜采用直角扣件固定在紧靠纵向扫地杆下方的立杆上。当立杆的基础不在同一高度上时，必须将高处的纵向扫地杆向低处延长两跨与立杆固定，高低差不应大于 1m。靠边坡上方的立杆轴线到边坡的距离不应小于 500mm。

（10）立杆必须用连墙件与建筑物可靠连接，连墙件布置间距要符合规定。

（11）立杆接长除顶层顶部可采用搭接外，其余各层各步接头必须采用对接扣件连接。立杆上的对接扣件应交错布置，两根相邻立杆的接头不应设置在同步内，同步内每隔一根立杆的两个相邻接头在高度方向错开的距离不宜小于 500mm；各接头中心至主节点的距离不宜大于步距的 1/3。搭接长度不应小于 1m，应采用不少于 2 个旋转扣件固定，端部扣件盖板的边缘至杆端距离不应小于 100mm。

（12）开口型脚手架的两端必须设置连墙件，连墙件的垂直间距不应大于建筑物的层高，且不应大于 4m。

（13）对高度 24m 及以下的单、双排脚手架，宜采用刚性连墙件与建筑物可靠连接，亦可采用钢筋与顶撑配合使用的附墙连接方式。严禁使用只有钢筋的柔性连墙件。对高度 24m 以上的双排脚手架，必须采用刚性连墙件与建筑物可靠连接。

（14）连墙件必须采用可承受拉力和压力的构造。采用拉筋必须配用顶撑，顶撑应可靠地顶在混凝土圈梁、柱等结构部位。拉筋应采用两根以上直径 4mm 的钢丝拧成一股，使用时不应少于两股；亦可采用直径不小于 6mm 的钢筋。

（15）剪刀撑应随立杆、纵向和横向水平杆等同步设置，各底层斜杆下端均必须支承在垫块或垫板上。高度在 24m 以下的单、双排脚手架，均必须在外侧两端、转角及中间不超过 15m 的立面上各设置一道剪刀撑，并应由底至顶连续设置；高度在 24m 及以上的双排脚手架在外侧全立面连续设置剪刀撑。开口型双排脚手架的两端均必须设置横向斜撑。

**4. 脚手架的拆除的安全控制要点**

（1）拆除作业必须由上而下逐层进行，严禁上下同时作业。

（2）连墙件必须随脚手架逐层拆除，严禁先将连墙件整层拆除后再拆脚手架；分段拆除高差不应大于 2 步，如高差大于 2 步，应增设连墙件加固。

（3）各构配件严禁抛掷至地面。

**5. 脚手架检查验收的安全控制要点**

（1）脚手架在下列阶段应进行检查与验收：

① 脚手架基础完工后，架体搭设前；

② 每搭设完 6～8m 高度后；

③ 作业层上施加荷载前；

④ 达到设计高度后或遇有六级及以上风或大雨后，冻结地区解冻后；

⑤ 停用超过一个月。

（2）脚手架定期检查的主要内容：

① 杆件的设置与连接，连墙件、支撑、门洞桁架的构造是否符合要求；

② 地基是否积水，底座是否松动，立杆是否悬空，扣件螺栓是否松动；

③ 高度在 24m 以上的双排、满堂脚手架，高度在 20m 以上的满堂支撑架，其立杆的沉降与垂直度的偏差是否符合技术规范要求；

④ 架体安全防护措施是否符合要求；

⑤ 是否有超载使用现象。

## 三、现浇混凝土工程安全隐患防范

**1. 现浇混凝土工程施工方案的编制**

现浇混凝土工程施工应编制专项施工方案。施工方案的主要内容应包括模板支撑系统的设计、制作、安装和拆除的施工程序、作业条件。有关模板和支撑系统的设计计算、材料规格、接头方法、构造大样及剪刀撑的设置要求等均应详细说明，并绘制施工详图。

**2. 现浇混凝土工程模板支撑系统的选材及安装的安全技术措施**

（1）支撑系统的选材及安装应按设计要求进行，基土上的支撑点应牢固平整，支撑在安装过程中应考虑必要的临时固定措施，以保证其稳定性。

（2）支撑系统的立柱材料可选用钢管、门形架、木杆，其材质和规格应符合设计和安全要求。

（3）立柱底部支承结构必须具有支承上层荷载的能力。为合理传递荷载，立柱底部应设置木垫板，禁止使用砖及脆性材料铺垫。当支承在地基上时，应对地基土的承载力进行验算。

（4）为保证立柱的整体稳定，在安装立柱的同时，应加设水平支撑和剪刀撑。

（5）立柱的间距应经计算确定，按照施工方案的规定设置。若采用多层支模，上下层立柱要垂直，并应在同一垂直线上。

**3. 保证模板安装施工安全的基本要求**

（1）模板工程安装高度超过 3.0m，必须搭设脚手架，除操作人员外，脚手架下不得站其他人。

（2）模板安装高度在 2m 及以上时，应符合国家现行标准《建筑施工高处作业安全技术规范》（JGJ 80—2016）的有关规定。

（3）施工人员上下通行必须借助马道、施工电梯或上人扶梯等设施，不允许攀登模板、斜撑杆、拉条或绳索等上下，不允许在高处的墙顶、独立梁或在其模板上行走。

（4）作业时，模板和配件不得随意堆放，模板应放平放稳，严防滑落。脚手架或操作平台上临时堆放的模板不宜超过 3 层，脚手架或操作平台上的施工总荷载不得超过其设计值。

（5）高处支模作业人员所用工具和连接件应放在箱盒或工具袋中，不得散放在脚手板上，以免坠落伤人。

（6）模板安装时，上下应有人接应，随装随运，严禁抛掷。且不得将模板支搭在门窗框上，也不得将脚手板支搭在模板上，并严禁将模板与上料井架及有车辆运行的脚手架或操作平台支成一体。

（7）当钢模板高度超过 15m 时，应安设防雷设施，防雷设施的接地电阻不得大于 4Ω。大风地区或大风季节施工，模板应有抗风的临时加固措施。

（8）遇大雨、大雾、沙尘、大雪或 6 级以上大风等恶劣天气时，应暂停露天高处作业，如图 4-1 所示。6 级及以上风力时，应停止高空吊运作业。雨、雪停止后，应及时清除模板和地面上的积水及积雪。

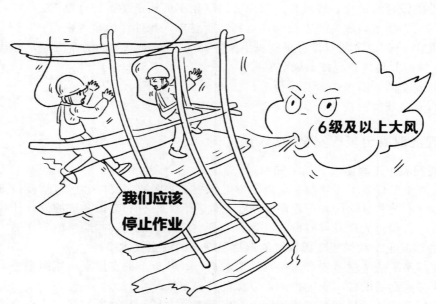

6级及以上大风

我们应该
停止作业

图4-1　6级以上大风时不得进行高处作业

（9）在架空输电线路下方进行模板施工，如果不能停电作业，应采取隔离防护措施。

（10）模板施工中应设专人负责安全检查，发现问题应报告有关人员处理。当遇险情时，应立即停工和采取应急措施；待修复或排除险情后，方可继续施工。

**4. 保证模板拆除施工安全的基本要求**

（1）现浇混凝土结构模板及其支架拆除时的混凝土强度应符合设计要求。当设计无要求时，应符合下列规定。

① 不承重的侧模板，包括梁、柱、墙的侧模板，只要混凝土强度能保证其表面及棱角不因拆除模板而受损，即可进行拆除。

② 承重模板，包括梁、板等水平结构构件的底模，应在与结构同条件养护的试块强度达到规定要求时，进行拆除。

③ 后张法预应力混凝土结构或构件模板的拆除，侧模应在预应力张拉前拆除，其混凝土强度达到侧模拆除条件即可。进行预应力张拉，必须在混凝土强度达到设计规定值时进行，底模必须在预应力张拉完毕方能拆除。

④ 在拆模过程中，如发现实际结构混凝土强度并未达到要求，有影响结构安全的质量问题时，应暂停拆模，经妥当处理使实际强度达到要求后，方可继续拆除。

⑤ 已拆除模板及其支架的混凝土结构，应在混凝土强度达到设计要求后，才允许承受全部的设计使用荷载。

⑥ 拆除芯模或预留孔的内模时，应在混凝土强度能保证不发生塌陷和裂缝时，方可拆除。

（2）拆模作业之前必须填写拆模申请，并在同条件养护试块强度达到规定要求时，技术负责人方能批准拆模。

（3）冬期施工的模板拆除应遵守冬期施工的有关规定，其中主要是要考虑混凝土模板拆除后的保温养护，如果不能进行保温养护，必须暴露在大气中，要考虑混凝土受冻的临界强度。

（4）各类模板拆除的顺序和方法，应根据模板设计的要求进行。如果模板设计无要求时，可按"先支的后拆，后支的先拆，先拆非承重的模板，后拆承重的模板及支架"的顺序进行。

（5）拆模时下方不能有人，拆模区应设警戒线，以防有人误入，如图4-2所示。拆除的模板向下运送传递时，一定要做到上下呼应，协调一致。

图 4-2 拆模区应防止有人误入

（6）模板拆除不能采取猛撬以致大片塌落的方法进行。

（7）拆除的模板必须随时清理，以免钉子扎脚、阻碍通行。使用后的木模板应拔除铁钉，分类进库，堆放整齐。露天堆放时，顶面应遮盖防雨篷布。

（8）使用后的钢模、钢构件应及时将黏结物清理洁净，进行必要的维修、刷油，整理合格后，方可运往其他施工现场或入库。

（9）钢模板在装车运输时，不宜超出车栏杆，少量高出部分必须拴牢，零配件应分类装箱，不得散装运输。装车时，应轻搬轻放，不得相互碰撞。卸车时，严禁成捆从车上推下和拆散抛掷。

（10）模板及配件应放入室内或敞棚内，当必须露天堆放时，底部应垫高100mm，顶面应遮盖防水篷布或塑料布。

**5. 混凝土浇筑施工的安全技术措施**

（1）混凝土浇筑作业人员的作业区域内，应按高处作业的有关规定，设置临边、洞口安全防护设施。

（2）混凝土浇筑所使用机械设备的接零（接地）保护、漏电保护装置应齐全有效，作业人员应正确使用安全防护用具。

（3）交叉作业应避免在同一垂直作业面上进行，否则应按规定设置隔离防护设施。

（4）用井架运输混凝土时，应设制动安全装置，升降应有明确信号，操作人员未离开提升台时，不得发升降信号。提升台内停放的手推车不得伸出台外，车辆前后要挡牢。

（5）用料斗进行混凝土吊运时，料斗的斗门在装料吊运前一定要关好卡牢，以防止吊运过程被挤开抛卸。

（6）用溜槽及串筒下料时，溜槽和串筒应固定牢固，人员不得直接站到溜槽槽帮上操作。

（7）用混凝土输送泵泵送混凝土时，混凝土输送泵的管道应连接和支撑牢固，试送合格后才能正式输送，检修时必须卸压。

（8）有倾倒、掉落危险的浇筑作业应采取相应的安全防护措施。

## 四、吊装工程安全隐患防范

### 1. 起吊作业的人员及场地要求

（1）特种作业人员必须经过专门的安全培训，经考核合格，持特种作业操作资格证书上岗。特种作业人员应按规定进行体检和复审。

（2）起重吊装作业前，应根据施工组织设计要求划定危险作业区域，设置醒目的警示标志，防止无关人员进入。还应视现场作业环境专门设置监护人员，防止高处作业或交叉作业时造成的落物伤人事故。

### 2. 起重设备的安全控制要点

（1）起重机械按施工方案要求选型，运到现场重新组装后，应进行试运转实验和验收，确认符合要求并记录、签字。起重机经检验后可以持续使用，但要持有市级有关部门定期核发的准用证。

（2）须经检查确认的安全装置包括超高限位器、力矩限制器、臂杆幅度指示器及吊钩保险装置，且均应符合要求。当起重设备说明书中尚有其他安全装置时应按说明书规定进行检查。

（3）起重机要做到"十不吊"，即：超载或被吊物质量不清不吊；指挥信号不明确不吊；捆绑、吊挂不牢或不平衡，可能引起滑动时不吊；被吊物上有人或浮置物时不吊；结构或零部件有影响安全工作的缺陷或损伤时不吊；遇有拉力不清的埋置物件时不吊；工作场地昏暗，无法看清场地、被吊物和指挥信号时不吊；被吊物棱角处与捆绑钢绳间未加衬垫时不吊；歪拉斜吊重物时不吊；容器内装的物品过满时不吊。

（4）汽车式起重机进行吊装作业时，行走用的驾驶室内不得有人，吊物不得超越驾驶室上方，并严禁带载行驶。

（5）双机抬吊时，要根据起重机的起重能力进行合理的负载分配，操作时要统一指挥，互相密切配合。在整个起吊过程中，两台起重机的吊滑车均应基本保持垂直状态。

### 3. 起重扒杆的安全控制要点

（1）起重扒杆的选用应符合作业工艺要求，其材料、截面以及组装形式，必须符合设计图样要求，组装后需经有关部门检验确认符合要求。

（2）扒杆与钢丝绳、滑轮、卷扬机等组合后，应先经试吊确认。可按 1.2 倍额定荷载，吊离地面 $200\sim500$mm，使各缆风绳就位且起升钢丝绳逐渐绷紧，并确认各部门滑车及钢丝绳受力良好；轻轻晃动吊物，检查扒杆、地锚及缆风绳情况，确认符合设计要求。

### 4. 钢丝绳与地锚的安全控制要点

（1）钢丝绳断丝数在一个节距中超过 10%、钢丝绳锈蚀或表面磨损达 40% 以及有死弯、结构变形、绳芯挤出等情况时，应报废、停止使用，要仔细检查，如图 4-3 所示。

（2）扒杆滑轮及地面导向滑轮的选用，应与钢丝绳的直径相适应，其直径比值不应小于 15，各组滑轮必须用钢丝绳牢靠固定，滑轮出现翼缘破损等缺陷时应及时更换。

（3）缆风绳应使用钢丝绳，其安全系数 $K=3.5$，规格应符合施工方案要求，缆风绳应与地锚牢固连接。

（4）地锚的埋设做法应经计算确定，地锚的位置及埋设应符合施工方案要求和扒杆作业时的实际角度。当移动扒杆时，必须使用经过计算的正式地锚，不准随意拴在电杆、树木和其他构件上。

图 4-3 对钢丝绳进行检查

**5. 预制构件运输的安全控制要点**

（1）工厂预制的构件需在吊装前运至工地，构件运输宜选用载重量较大的载重汽车和半拖式或全拖式的平板拖车，将构件直接运到工地构件堆放处。

（2）运输时混凝土预制构件的强度不低于设计混凝土强度的75％。在运输过程中构件的支撑位置和方法，应根据设计的吊（垫）点进行设置，不应引起超应力和使构件产生损伤。叠放运输时构件之间必须用隔板或垫木隔开。上、下垫木应保持在同一垂直线上，支垫数量要符合设计要求以免构件受折；运输道路要有足够的宽度和转弯半径。

**6. 构件堆放的安全控制要点**

（1）构件堆放平稳，底部按设计位置设置垫木。

（2）构件多层叠放时，柱子不超过2层，梁不超过3层，大型屋面板、多孔板6～8层，钢屋架不超过3层，各层的支承垫木应在同一垂直线上，各堆放构件之间应留不小于0.7m宽的通道。

（3）重心较高的构件（如屋架、大架等），除在底部设垫木外，还应在两侧加设支撑或将几榀大梁以方木、铁丝连成一体，提高其整体稳定性，侧向支撑沿梁长度方向不得少于3道。墙板堆放架应经设计计算确定，并确保对地面的抗倾覆要求。

**7. 吊点的安全控制要点**

（1）根据重物的外形、重心及工艺要求选择吊点，并在方案中进行规定。

（2）吊点是在重物起吊、翻转、移位等作业中都必须使用的，吊点应与重物的重心在同一垂直线上，且吊点应在重心之上（吊点与重物重心的连线和重物的横截面垂直）。使重物垂直起吊，严禁斜吊。

（3）当采用几个吊点起吊时，应使各吊点的合力在重物重心位置之上。必须正确计算每根吊索长度，使重物在吊装过程中始终保持稳定。当构件无吊鼻需用钢丝绳绑扎时，必须对棱角处采取保护措施，其安全系数为$K=6\sim8$；当起吊重、大或精密的重物时，除应采取妥善保护措施外，吊索的安全系数应取10。

**8. 高处作业的安全控制要点**

（1）起重吊装于高处作业时，应按规定设置安全措施，防止坠落，包括各洞口盖严盖牢，临边作业应搭设防护栏杆、封挂密目网等。

（2）吊装作业人员必须佩戴安全帽，在高空作业和移动时，必须系牢安全带，如图4-4

所示。

（3）作业人员上下应有专用的爬梯或斜道，不允许攀爬脚手架或建筑物上下。

（4）大雨、雾、大雪、6级及以上大风等恶劣天气应停止吊装作业。雨雪后进行吊装作业时，应及时清理冰雪并采取防滑和防漏电措施，先试吊，确认制动器灵敏可靠后方可进行作业。

（5）在高处用气割或电焊切割物件时，应采取措施，防止火花飞落伤人，下部应设看火人。

图 4-4　系牢安全带

### 9. 触电事故的安全控制要点

（1）吊装作业起重机的任何部位与架空输电线路边线之间的距离要符合规定。

（2）吊装作业使用的电源线必须架高，手把线绝缘要良好。在雨天或潮湿地点作业的人员，应戴绝缘手套，穿绝缘鞋（靴），如图 4-5 所示。

（3）吊装作业使用行灯照明时，电压不得超过 36V。

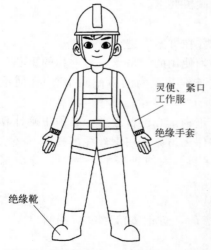

灵便、紧口工作服

绝缘手套

绝缘靴

图 4-5　戴绝缘手套、穿绝缘鞋（靴）

### 10. 构件吊装和管道安装时的注意事项

（1）钢结构的吊装，构件应尽可能在地面组装，并应搭设临时固定、电焊、高强度螺栓连接等工序施工时的高空安全设施，且随构件同时吊装就位。拆卸时的安全措施，亦应一并考虑和落实。高空吊装预应力混凝土屋架、桁架等大型构件前，也应搭设悬空作业中所需的安全设施。

（2）悬空安装大模板、吊装第一块预制构件、吊装单独的大中型预制构件时，必须站在操作平台上操作。吊装中的大模板和预制构件以及石棉水泥板等屋面板上，严禁站人和行走。

（3）安装管道时必须有已完成结构或操作平台为立足点，严禁在安装中的管道上站立和行走。

## 五、高处作业安全隐患防范

**1. 临边作业的安全隐患防范措施**

（1）基坑周边，尚未安装栏杆或栏板的阳台、料台与悬挑平台周边，雨篷与挑檐边，无外脚手架的屋面与楼层周边及水箱与水塔周边等处，都必须设置防护栏杆。

（2）头层墙高度超过 3.2m 的二层楼面周边，以及无外脚手架的高度超过 3.2m 的楼层周边，必须在外围架设安全平网一道。

（3）分层施工的楼梯口和梯段边，必须安装临时护栏。顶层楼梯口应随工程结构进度安装正式防护栏杆。

（4）井架、施工用电梯、脚手架等与建筑物通道的两侧边，必须设防护栏杆。地面通道上部应装设安全防护棚。双笼井架通道中间应予分隔封闭。

（5）各种垂直运输接料平台，除两侧设防护栏杆外，平台口还应设置安全门或活动防护栏杆。

**2. 洞口作业的安全隐患防范措施**

（1）板与墙的洞口，必须设置牢固的盖板、防护栏杆、安全网或其他防坠落的防护设施，如图 4-6 所示。

（2）电梯井口必须设防护栏杆或固定栅门；电梯井内应每隔两层并最多隔 10m 设一道安全网。

（3）钢管桩、钻孔桩等桩孔上口，杯形、条形基础上口，未填土的坑槽以及人孔、天窗、地板门等处，均应按洞口防护设置稳固的盖件。

（4）施工现场通道附近的各类洞口与坑槽等处，除设置防护设施与安全标志外，夜间还应设红灯示警。

（5）洞口根据具体情况采取设防护栏杆、加盖件、张挂安全网与装栅门等措施时，必须符合规范要求。

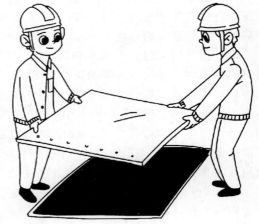

图 4-6 洞口盖板

（6）垃圾井道和烟道，应随楼层的砌筑或安装而消除洞口，或参照预留洞口作防护。管道井施工时，还应加设明显的标志。如有临时性拆移，需经施工负责人核准，工作完毕后必须恢复防护设施。

（7）位于车辆行驶道旁的洞口、深沟与管道坑、槽所加盖板应能承受不小于当地额定卡车后轮有效承载力 2 倍的荷载。

（8）墙面等处的竖向洞口，凡落地的洞口应加装开关式、工具式或固定式防护门，门栅网格的间距不应大于 15cm，也可采用防护栏杆，下设挡脚板（笆）。对施工现场设置的防护栏杆不可恣意破坏，如图 4-7 所示。

（9）下边沿至楼板或底面低于 80cm 的窗台等竖向洞口，如侧边落差大于 2m 时，应加设 1.2m 高的临时护栏。

**3. 攀登作业的安全隐患防范措施**

（1）在施工组织设计中应确定用于现场施工的登高和攀登设施。

（2）攀登的用具，结构构造上必须牢固可靠。供人上下的踏板其使用荷载不应大于

图 4-7　不可恣意破坏防护栏杆

1100N。当梯面上有特殊作业，重量超过上述荷载时，应按实际情况加以验算。

（3）移动式梯子，均应按现行的国家标准验收其质量。

（4）梯脚底部应坚实，不得垫高使用，如图 4-8 所示。

（5）梯子如需接长使用，必须有可靠的连接措施，且接头不得超过 1 处，连接后梯梁的强度不应低于单梯梯梁的强度。

（6）折梯使用时，上部夹角以 35°～45° 为宜，铰链必须牢固，并应有可靠的拉撑措施。

（7）固定式直爬梯应用金属材料制成，梯宽不应大于 50cm，支撑应采用不小于 ∟ 70×6 的角钢，埋设与焊接均必须牢固。梯子顶端的踏棍应与攀登的顶面齐平，并加设 1～1.5m 高的扶手。使用直爬梯进行攀登作业时，攀登高度以 5m 为宜。超过 2m 时，宜加设护笼，超过 8m 时，必须设置梯间平台，如图 4-9 所示。

图 4-8　梯脚底部应坚实

（8）作业人员应从规定的通道上下，不得在阳台之间等非规定通道攀登，也不得任意利用吊车臂架等施工设备进行攀登。

（9）登高安装钢柱时，应使用钢挂梯或设置在钢柱上的爬梯。钢柱的接柱应使用梯子或操作台。当无电焊防风要求时，操作台横杆高度不宜小于 1m，有电焊防风要求时，其高度不宜小于 1.8m。

（10）登高安装钢梁时，应视钢梁高度，在两端设置挂梯或搭设钢管脚手架。梁面上需行走时，其一侧的临时护栏横杆可采用钢索，当改用扶手绳时，绳的自然下垂度不应大于 1/20，并应控制在 10cm 以内。

**4. 悬空作业的安全隐患防范措施**

（1）悬空作业点应有牢靠的立足处，并必须视具体情况，配置防护栏网、栏杆或其他安全设施。

（2）悬空作业所用的索具、脚手板、吊篮、吊笼、平台等设备，均须经过技术鉴定或验证后方可使用。

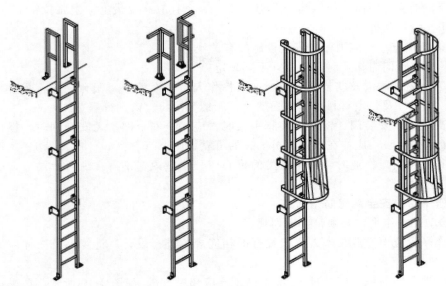

图4-9 直爬梯

（3）模板支撑和拆卸时的悬空作业必须遵守下列规定。

① 支模应按规定的作业程序进行，模板未固定前不得进行下一道工序。严禁在连接件和支撑件上攀登上下，并严禁在上下同一垂直面上装、拆模板。结构复杂的模板，装、拆应严格按照施工组织设计的措施进行。

② 支设高度在3m以上的柱模板，四周应设斜撑，并应设立操作平台。低于3m的可使用马凳操作。

③ 支设悬挑形式的模板时，应有稳固的立足点。支设临空构筑物模板时，应搭设支架或脚手架。模板上有预留洞时，应在安装后将洞盖好。混凝土板上拆模后形成的临边或洞口，应按《建筑施工高处作业安全技术规范》（JGJ 80—2016）有关章节规定进行防护。拆模高处作业，应配置登高用具或搭设支架。

（4）钢筋绑扎时的悬空作业必须遵守下列规定。

① 绑扎钢筋和安装钢筋骨架时，必须搭设脚手架和马道。

② 绑扎圈梁、挑梁、挑檐、外墙和边柱等钢筋时，应搭设操作台架和张挂安全网。悬空大梁钢筋的绑扎，必须在满铺脚手板的支架或操作平台上操作。

③ 绑扎立柱和墙体钢筋时，不得站在钢筋骨架上或攀登骨架上下。3m以内的柱钢筋，可在地面或楼面上绑扎，整体竖立；绑扎3m以上的柱钢筋，必须搭设操作平台。

（5）混凝土浇筑时的悬空作业必须遵守下列规定。

① 浇筑离地2m以上框架、过梁、雨篷和小平台时，应设操作平台，不得直接站在模板或支撑件上操作。

② 浇筑拱形结构，应从两侧拱脚对称地相向进行。浇筑储仓，下口应先行封闭，并搭设脚手架以防人员坠落。

③ 特殊情况下如无可靠的安全设施，必须系好安全带并扣好保险钩，或架设安全网。

（6）进行预应力张拉的悬空作业时必须遵守下列规定。

① 进行预应力张拉时，应搭设站立操作人员和设置张拉设备用的牢固可靠的脚手架或操作平台，雨天张拉时，还应架设防雨篷。

② 预应力张拉区域应标示明显的安全标志，禁止非操作人员进入，张拉钢筋的两端必

须设置挡板，挡板应距所张拉钢筋的端部 1.5～2m，且应高出最上一组张拉钢筋 0.5m，其宽度应距张拉钢筋两外侧各不小于 1m。

③ 孔道灌浆应按预应力张拉安全设施的有关规定进行。

（7）悬空进行门窗作业时必须遵守下列规定。

① 安装门窗、刷漆及安装玻璃时，严禁操作人员站在樘子、阳台栏板上操作。门、窗临时固定，电焊以及封填材料未达到强度时，严禁手拉门、窗进行攀登。

② 在高处外墙安装门、窗，无外脚手架时，应张挂安全网。无安全网时，操作人员应系好安全带，其保险钩应挂在操作人员上方的可靠物件上。

③ 进行各项窗口作业时，操作人员的重心应位于室内，不得在窗台上站立，必要时应系好安全带进行操作。

**5. 操作平台的安全隐患防范措施**

（1）移动式操作平台必须符合下列规定。

① 操作平台应由专业技术人员按现行的相应规范进行设计，计算书及图样应编入施工组织设计。

② 操作平台的面积不应超过 $10m^2$，高度不应超过 5m，如图 4-10 所示，还需进行稳定验算，并采取措施减少立柱的长细比。

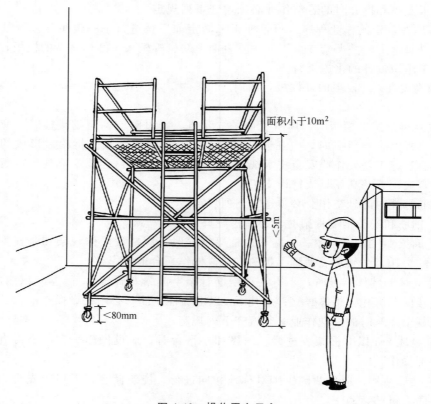

面积小于$10m^2$

<5m

<80mm

图 4-10　操作平台示意

③ 装设轮子的移动式操作平台，轮子与平台的接合处应牢固可靠，立柱底端离地面不得超过 80mm，如图 4-10 所示。

④ 操作平台可采用 $\phi$（48～51）mm×3.5mm 钢管用扣件连接，亦可采用门架式或承插式钢管脚手架部件，按产品使用要求进行组装。平台的次梁，间距不应大于 40cm；台面应

满铺 3cm 厚的木板或竹笆。

⑤ 操作平台四周必须按临边作业要求设置防护栏杆，并应布置登高扶梯，如图 4-10 所示。

（2）悬挑式钢平台必须符合下列规定。

① 悬挑式钢平台应按现行的相应规范进行设计，其结构构造应能防止左右晃动，计算书及图样应编入施工组织设计。

② 悬挑式钢平台的搁支点与上部拉结点，必须位于建筑物上，不得设置在脚手架等施工设备上。

③ 斜拉杆或钢丝绳，构造上宜两边各设前后两道，两道中的每一道均应作单道受力计算。

④ 应设置 4 个经过验算的吊环。吊运平台时应使用卡环，不得使吊钩直接钩挂吊环。吊环应用甲类 3 号沸腾钢制作。

⑤ 钢平台安装时，钢丝绳应采用专用的挂钩挂牢，采取其他方式时卡头的卡子不得少于 3 个，建筑物锐角利口围系钢丝绳处应加衬软垫物，钢平台外口应略高于内口。

⑥ 钢平台左右两侧必须装设固定的防护栏杆。

⑦ 钢平台吊装，需待横梁支撑点电焊固定，接好钢丝绳，且调整完毕，经过检查验收后，方可松开起重吊钩，进行上下操作。

⑧ 钢平台使用时，应有专人进行检查，发现钢丝绳有锈蚀损坏应及时调换，焊缝脱焊应及时修复。

（3）操作平台上应显著地标明容许荷载值。操作平台上人员和物料的总重，严禁超过设计的容许荷载，应配备专人加以监督。

## 六、拆除工程安全隐患防范

### 1. 拆除工程施工准备的安全控制要点

（1）拆除工程开工前应全面了解拆除工程的图样和资料，进行现场勘察，根据工程特点、构造情况、工程量等编制专项施工方案。但涉及如下范围工程其编制的专项方案必须经过专家论证：

① 采用爆破拆除的工程；

② 码头、桥梁、高架、烟囱、水塔或拆除中容易引起有毒有害气（液）体或粉尘扩散、易燃易爆事故发生的特殊建、构筑物的拆除工程；

③ 可能影响行人、交通、电力设施、通信设施或其他建、构筑物安全的拆除工程；

④ 文物保护建筑、优秀历史建筑或历史文化风貌区控制范围的拆除工程。

（2）拆除工程必须制订应急救援预案，采取严密的防范措施，并配备应急救援的必要器材，根据拆除工程施工现场作业环境，制订相应的消防安全措施。

（3）拆除施工前，应做好影响拆除工程安全施工的各种管线的切断、迁移工作。当外侧有架空线路或电缆线路时，应与有关部门联系，采取措施，确认安全后方可施工。

（4）当拆除工程对周围相邻建筑安全可能产生影响时，必须采取相应的保护措施，对建筑内的人员进行撤离安置。

（5）拆除工程施工区域应设置硬质封闭围挡及醒目的安全警示标志，非施工人员不得进入施工区。当临街的被拆除建筑与交通通道的安全距离不能满足要求时，必须采取相应的安全隔离措施。

（6）拆除工程应当由具备相应建筑业企业资质等级和安全生产许可证的施工企业承担，拆迁人应当与负责拆除工程的施工企业签订拆除合同。

（7）拆除工程合同应明确双方的安全施工、环境卫生、控制扬尘污染职责和施工企业的项目负责人、技术负责人、安全负责人。

（8）拆除工程施工企业必须严格按照施工方案和安全技术规程进行拆除。对作业人员要做好安全教育、安全技术交底，并做好书面记录。特种作业人员必须持证上岗。

（9）施工企业在进行拆除工程时应确保拟拆除工程已停止供水、供电、供气，居住人员已全部撤离。

（10）施工企业实施拆除前应划定危险区域，设置警戒和明显的警示标志。在居民密集点、交通要道附近施工，必须采用全封闭围护，并搭设安全防护隔离网。

（11）拆除施工现场必须配备洒水设施，认真做好降尘措施。

**2. 人工拆除作业的安全技术措施**

（1）拆除施工程序应从上至下，按板、非承重墙、梁、承重墙、柱的顺序依次进行，或依照先非承重结构后承重结构的原则进行拆除。

（2）拆除施工应逐层拆除，分段进行，不得垂直交叉作业，作业面的孔洞应加以封闭。

（3）作业时，楼板上严禁多人聚集或集中堆放材料，作业人员应站在稳定的结构或脚手架上操作，被拆除的构件应有安全的放置场所。

（4）拆除建筑的栏杆、楼梯、楼板等构件，应与建筑结构整体拆除进度相配合，不得先行拆除。建筑的承重梁、柱，应在其所承托的全部构件拆除后，再进行拆除。

（5）人工拆除建筑墙体时，严禁采用掏掘或推倒的方法。

（6）拆除梁或悬挑构件时，应在采取有效的塌落控制措施后，方可切断两端的支撑。

（7）拆除柱子时，应沿柱子底部剔凿出钢筋，使用手动倒链进行定向牵引，再采用气焊切割柱子的三面钢筋，保留牵引方向正面的钢筋。

（8）拆除原用于有毒有害物、可燃气体的管道及容器时，必须查清其残留物的种类、化学性质及残留量，采取相应措施后，方可进行拆除作业，以确保拆除人员的安全。

（9）作业人员所使用的机具（包括风镐、水钻、冲击钻等）严禁超负荷使用或带故障运转，如图4-11所示。

（10）拆除的垃圾严禁向下抛掷。

图4-11　机具严禁超负荷使用或带故障运转

**3. 机械拆除作业的安全技术措施**

（1）拆除施工时，应按照专项施工方案设计选定的机械设备及吊装方案进行施工，严禁超载作业或任意扩大使用范围。供机械设备使用的场地必须保证足够的承载力，确保机械设备具备不发生塌陷、倾覆的工作面。作业中，机械的回转和行走动作不得同时进行。

（2）拆除程序应从上至下、逐层逐段进行，应先拆除非承重结构，再拆除承重结构。对只进行部分拆除的建筑，必须先将保留部分进行加固，然后再进行分离拆除。

（3）当进行高处拆除作业时，对较大尺寸的构件或沉重的材料，必须使用起重机具及时吊下。拆卸下来的各种材料应及时清理，分类堆放在指定场所，严禁向下抛掷。

（4）在拆除钢屋架时，必须采用绳索将其拴牢，待起重机吊稳后，方可进行气焊切割作业。在吊运过程中，应采取辅助措施使被吊物处于稳定状态。

（5）在拆除施工过程中，必须由专门人员负责随时监测被拆除建筑的结构状态，发现有不稳定状态的趋势时，应立即停止作业，并采取有效措施，消除隐患。

（6）拆除吊装作业的起重机司机和信号指挥员必须持证上岗，并严格执行操作规程。

（7）十不吊，即：被吊物质量超过机械性能允许范围；指挥信号不清；被吊物下方有人；被吊物上站人；埋在地下的被吊物；斜拉、斜牵的被吊物；散物捆绑不牢的被吊物；立式构件不用卡环的被吊物；无容器的零碎被吊物；质量不明的被吊物。

**4. 爆破拆除作业的安全技术措施**

（1）爆破拆除工程的设计必须按《爆破安全规程》（GB 6722—2014）规定级别作出安全评估，并经当地有关部门审核批准后方可实施。

（2）爆破拆除工程实施时应在工程所在地有关部门领导下成立爆破指挥部，应按照施工组织设计确定的安全距离设置警戒。

（3）爆破拆除单位必须持有所在地公安部门核发的《爆炸物品使用许可证》，方可承担相应等级的爆破拆除工程。爆破拆除工程的设计人员应具有《爆破工程技术人员安全作业证》，从事爆破拆除施工的作业人员亦应持证上岗。

（4）购买爆破器材，必须向工程所在地公安部门申请《爆炸物品购买许可证》，到指定的供应点进行购买，爆破器材严禁赠送、转让、转卖、转借。

（5）运输爆破器材，必须向所在地公安部门申请领取《爆破物品运输许可证》，并按照规定的路线运输，派专职押运员押送。

（6）爆破器材的临时保管地点，必须经当地公安部门批准，严禁同室保管与爆破器材无关的物品。

（7）爆破拆除的预拆除是指爆破实施前有必要进行部分拆除的施工。预拆除施工可以减少钻孔和爆破装药量，清除下层障碍物（如非承重的墙体），有利建筑塌落破碎解体（如烟囱定向爆破时开凿定向窗口有利于倒塌方向准确）。预拆除施工应确保建筑安全和稳定，可采用机械和人工方法预拆除非承重的墙体或不影响结构稳定的构件。

（8）对烟囱、水塔类构筑物采用定向爆破拆除工程时，爆破拆除设计应控制建筑倒塌时的触地震动。必要时应在倒塌范围铺设缓冲材料或开挖防震沟。

（9）爆破拆除建筑施工时，应对爆破部位进行覆盖和遮挡防护，覆盖材料和遮挡设施应牢固可靠。

（10）爆破拆除工程的设计和施工，必须按照《爆破安全规程》（GB 6722—2014）有关爆破实施操作的规定进行。

**5. 静力破碎作业的安全技术措施**

（1）进行建筑基础或局部块体拆除时，宜采用静力破碎的方法。

（2）采用具有腐蚀性的静力破碎剂作业时，灌浆人员必须佩戴防护手套和防护眼镜，防护手套如图4-12所示，防护眼镜如图4-13所示。

图 4-12　防护手套

图 4-13　防护眼镜

（3）孔内注入破碎剂后，作业人员应保持安全距离，严禁在注孔区域行走或停留。

（4）静力破碎剂严禁与其他材料混放。

（5）在相邻的两孔之间，严禁钻孔与破碎剂注入同步施工。

（6）在进行静力破碎时，如发生异常情况，必须停止作业，待查清原因并采取相应措施确保安全后，方可继续施工。

## 七、施工用电安全隐患防范

### （一）施工用电的一般规定

（1）施工用电设备数量在5台及以上，或用电设备容量在50kW及以上时，应编制用电施工组织设计，并经企业技术负责人审核。

（2）施工用电应建立用电安全技术档案，定期经项目负责人检验签字。

（3）施工现场应定期对电工和用电人员进行安全用电教育培训和技术交底。

（4）施工用电应定期检测。

### （二）用电环境的安全要求

**1. 与外电架空线路的安全距离**

（1）在建工程不得在高、低压线路下方施工，搭设作业棚、生活设施和堆放构件、材料等。

（2）在架空线路一侧施工时，在建工程应与架空线路边线之间保持安全操作距离，安全操作距离不得小于表4-1的规定。

表 4-1　在建工程（含脚手架）的外侧边缘与外电架空线路的边缘之间的
最小安全操作距离

| 架空线路电压/kV | <1 | 1～10 | 35～110 | 154～220 |
| --- | --- | --- | --- | --- |
| 最小安全操作距离/m | 4 | 6 | 8 | 10 |

（3）起重机的任何部位或被吊物边缘与10kV以下的架空线路边缘最小水平距离不得小于2m。

**2. 对外电架空线路的防护**

（1）施工现场不能满足表4-1中规定的最小距离时，必须按现行行业规范规定搭设防护设施并设置警告标志。

（2）在架空线路一侧或上方搭设或拆除防护屏障等设施时，必须停电后作业，并设监护人员。

**3. 对易燃、易爆物和腐蚀介质的防护**

电气设备周围应无可能导致电气火灾的易燃、易爆物和导致绝缘损坏的腐蚀介质，否则应予清除或做防护处理。

**4. 对机械损伤的防护**

电气设备设置场所应能避免物体打击、撞击等机械伤害，否则应做防护处理。

**5. 雷电防护**

（1）施工现场内的施工升降机、钢管脚手架等金属设施，若在相邻建筑物、构筑物的防雷装置的保护范围以外且在表 4-2 规定范围之内时，应按有关规定安装防雷装置。

**表 4-2　施工现场内金属设施需安装防雷装置的规定**

| 地区年平均雷暴日 $T$/d | 金属设施高度/m |
| --- | --- |
| $T \leqslant 15$ | $\leqslant 50$ |
| $15 < T < 40$ | $\leqslant 32$ |
| $40 \leqslant T < 90$ | $\leqslant 20$ |
| $T \leqslant 90$ 及雷害特别严重地区 | $\leqslant 12$ |

注：地区年平均雷暴日可查阅《施工现场临时用电安全技术规范》（JGJ 46—2005）。

（2）防雷装置的避雷针（接闪器）可采用 $\phi 20$ 钢筋，长度应为 $1 \sim 2m$。当利用金属构架做引下线时，应保证构架之间的电气连接。防雷装置的冲击接地电阻值不得大于 $30\Omega$。

**（三）接地、接零的安全要求**

**1. 施工用电基本保护**

施工用电应采用中性点直接接地的 380V/220V 三相四线制低压电力系统，其保护方式应符合下列规定。

（1）施工现场由专用变压器供电时，应将变压器低压侧中性点直接接地，并采用 TN-S 接零保护系统。

（2）施工现场由专用发电机供电时，必须将发电机的中性点直接接地，并采用 TN-S 接零保护系统，且应独立设置。

（3）当施工现场直接由市电（电力部门变压器）等非专用变压器供电时，其基本接地、接零方式应与原有市电供电系统保持一致。在同一供电系统中，不得一部分设备做保护接零，另一部分设备做保护接地，如图 4-14 所示。

（4）在供电端为三相四线供电的接零保护（TN）系统中，应将进户处的中性线（N线）重复接地，并同时由接地点另引出保护零线（PE线），形成局部 TN-S 接零保护系统。

**2. 施工用电保护接零与重复接地**

在接零保护系统中电气设备的金属外壳必须与保护零线（PE线）连接。

**3. 保护零线**

（1）保护零线应自专用变压器、发电机中性点处，或配电室、总配电箱进线处的中性线（N线）上引出。

（2）保护零线的统一标志为绿/黄双色绝缘导线，在任何情况下不得使用绿/黄双色线做负荷线。

（3）保护零线（PE线）必须与工作零线（N线）相隔离，严禁保护零线与工作零线混

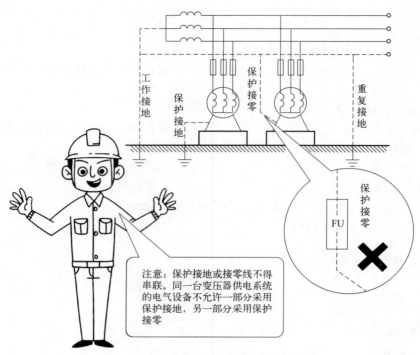

图 4-14　保护接零和保护接地的错误做法

接、混用。

（4）保护零线上不得装设控制开关或熔断器。

（5）保护零线的截面不应小于对应工作零线截面。与电气设备相连接的保护零线应为截面不小于 $2.5\text{mm}^2$ 的多股绝缘铜线。

（6）保护零线的重复接地点不得少于三处，应分别设置在配电室或总配电箱处以及配电线路的中间处和末端处。

**4．施工用电接地电阻**

（1）电力变压器或发电机的工作接地电阻值不应大于 $4\Omega$。

（2）在 TN 接零保护系统中重复接地应与保护零线连接，每处重复接地电阻值不应大于 $10\Omega$。

**5．施工用电配电室**

配电室应靠近电源，接近负荷中心，应便于线路的引入和引出，并有防止雨雪和小动物出入的措施。

**6．配电柜**

（1）配电柜两端应做接地（接零）。

（2）配电柜应做名称、用途、分路标记。

（3）配电柜不得直接挂接其他临时用电设备。

（4）配电柜或线路维修时应挂停电标志牌。停、送电必须由专人负责，停止作业时断电上锁。

**7．施工用电自备电源**

（1）发电机组电源应与外电线路联锁，严禁并列运行。

（2）发电机组应采用三相四线制中性点直接接地系统，并应独立设置，与外电源隔离。

**（四）配电线路的安全要求**

**1. 施工用电架空线路敷设**

（1）架空线路应采用绝缘导线，并经横担和绝缘子架设在专用电杆上。

（2）架空导线截面应满足计算负荷、线路末端电压偏移（不大于 5%）和机械强度要求。

（3）架空敷设档距不应大于 35m，线间距离不应小于 0.3m。

**2. 架空线敷设高度**

（1）距施工现场地面不小于 4m。

（2）距机动车道不小于 6m。

（3）距铁路轨道不小于 7.5m。

（4）距暂设工程和地面堆放物顶端不小于 2.5m。

（5）距交叉电力线路：0.4kV 线路不小于 1.2m；10kV 线路不小于 2.5m。

**3. 架空线路敷设的相序排列**

（1）单横担架设时，面向负荷侧，从左起为 $L_1$、N、$L_2$、$L_3$、PE。

（2）双横担架设时，面向负荷侧，上横担从左起为 $L_1$、$L_2$、$L_3$。下横担从左起为 $L_1$（$L_2$、$L_3$）、N、PE。

**4. 施工用电电缆线路**

（1）电缆线路应采用埋地或架空敷设，不得沿地面明设。

（2）埋地敷设深度不应小于 0.6m，并应覆盖硬质保护层。穿越建筑物、道路等易受损伤的场所时，应另加防护套管。

（3）架空敷设时，应沿墙或电杆做绝缘固定，电缆最大弧垂处距地面不得小于 2.5m。

（4）在建工程内的电缆线路应采用电缆埋地穿管引入，沿工程竖井、垂直孔洞，逐层固定，电缆水平敷设高度不应小于 1.8m。

**（五）配电箱及开关箱的安全要求**

**1. 一般要求**

（1）施工用电应实行三级配电，即设置总配电箱或室内总配电柜、分配电箱、开关箱三级配电装置。开关箱以下应为用电设备。

（2）动力配电与照明配电宜分箱设置，当设置在同一箱内时，动力与照明配电应分路设置。

（3）施工用电配电箱、开关箱应采用铁板（厚度为 1.2~2.0mm）或阻燃绝缘材料制作。不得使用木质配电箱、开关箱及木质电器安装板。

（4）施工用电配电箱、开关箱应装设在干燥、通风、无外来物体撞击的地方，其周围应有足够二人同时工作的空间和通道。

（5）施工用电移动式配电箱、开关箱应装设在坚固的支架上，严禁于地面上拖拉。

（6）施工用电开关箱应实行"一机一闸"制，不得设置分路开关。施工现场每台用电设备必须有自己专用的开关箱和漏电保护器，如图 4-15 所示。

（7）施工用电配电箱、开关箱中应装设电源隔离开关、短路保护器、过载保护器，其额定值和动作整定值应与其负荷相适应。总配电箱、开关柜中还应装设漏电保护器。

**2. 施工用电漏电保护器的额定漏电动作参数**

（1）在开关箱（末级）内的漏电保护器，其额定漏电动作电流不应大于 30mA，额定漏电动作时间不应大于 0.1s。使用于潮湿场所时，其额定漏电动作电流应不大于 15mA，额定

图 4-15　用电设备专用的开关箱和漏电保护器

漏电动作时间不应大于 0.1s。

（2）总配电箱内的漏电保护器，其额定漏电动作电流应大于 30mA，额定漏电动作时间应大于 0.1s。但其额定漏电动作电流与额定漏电动作时间的乘积不应大于 30mA·s。

### （六）照明的安全要求

**1. 施工照明供电电压**

（1）一般场所，照明电压应为 220V。

（2）隧道，人防工程，高温、有导电粉尘和狭窄场所，照明电压不应大于 36V。

（3）潮湿和易触及照明线路场所，照明电压不应大于 24V。

（4）特别潮湿、导电良好的地面，锅炉或金属容器内，照明电压不应大于 12V。

（5）行灯电压不应大于 36V。

**2. 一般要求**

（1）施工用电照明变压器必须为隔离双绕组型，严禁使用自耦变压器。

（2）施工照明室外灯具距地面不得低于 3m，室内灯具距地面不得低于 2.5m。

（3）施工照明使用 220V 碘钨灯应固定安装，其高度不应低于 3m，距易燃物不得小于 500mm，并不得直接照射易燃物，不得将 220V 碘钨灯做移动照明。

（4）施工用电照明器具的形式和防护等级应与环境条件相适应。

（5）需要夜间或暗处施工的场所，必须配置应急照明电源。

（6）夜间可能影响行人、车辆、飞机等安全通行的施工部位或设施、设备，必须设置红色警戒照明。

## 八、装饰装修工程安全隐患防范

**1. 高空坠落和物体打击防范**

防范措施包括：加强临边防护，预防坠落物伤人；加强从事高处作业人员的身体检查和高处作业安全教育，不断提高其自我保护意识；科学合理地安排施工作业，尽量减少高处作业并为高处作业创造良好的作业条件；加强临边防护措施，并使其处于良好的防护状态；充分利用安全网、安全带、安全帽等防护用品，保证工人在有安全保障措施的情况下施工。

**2. 触电伤害防范**

防范措施包括：强化用电安全管理，制订并严格执行本企业电气规章制度和安全操作规程，严格执行特种作业上岗证制度；抓教育，提高职工素质；做好临时用电施工设计并组织使用前的验收交底工作；使用中做好用电保护及用电检查；推广电气安全新技术。

**3. 机具伤害的防范**

防范措施包括：按标准认真做好机具使用前的验收工作，做好机具操作人员的培训教育，严把持证上岗关；作业前必须检查机具安全状态，使用时必须严格执行操作规程，定机定人，严禁无证上岗，违章操作；必须保证必要的机具维修保养时间，做到专人管理、定期检查、例行保养，并做好维修保养记录；各种机具一经发现缺陷、损坏，必须立即维修，严禁机具"带病"运转。

**4. 火灾的防范**

防范措施包括：易燃材料施工前，制订相关的安全技术措施；明火作业前应履行批准手续；易挥发装饰材料的使用场所应采取必要的通风措施并应远离火源；对作业人员进行培训交底，及时制止违章作业；专业管理人员对作业环境进行检查和配备必要的消防器材等。

**5. 使用有毒物品的防范**

建筑装饰装修工程施工中，经常要使用有毒挥发物品，如油漆、胶黏剂、防腐材料、环氧树脂以及各种稀释剂、添加剂等，高温气焊会形成金属烟尘和有害的金属蒸气。这些也属于安全隐患的内容，也必须考虑必要的防范措施。

## 九、建筑机具安全操作规程的要点

**1. 塔式起重机的安全控制要点**

（1）塔式起重机的轨道基础和混凝土基础必须经过设计验算，验收合格后方可使用，基础周围应修筑边坡和排水设施，并与基坑保持一定安全距离。

（2）塔式起重机的拆装必须配备下列人员：持有安全生产考核合格证书的项目负责人和安全负责人、机械管理人员；具有建筑施工特种作业操作资格证书的建筑起重机械安装拆卸工、起重司机、起重信号工、司索工等特殊作业操作人员。

（3）拆装人员应穿戴安全保护用品，高处作业时应系好安全带，熟悉并认真执行拆装工艺和操作规程。

（4）顶升前必须检查液压顶升系统各部件连接情况。顶升时严禁回转臂杆和其他作业。

（5）塔式起重机安装后，应进行整体技术检验和调整，经分阶段及整机检验合格后，方可交付使用。在无载荷情况下，塔身与地面的垂直度偏差不得超过 4/1000。

（6）塔式起重机的金属结构、轨道及所有电气设备的可靠外壳应有可靠的接地装置，接地电阻不应大于 $4\Omega$，并设立避雷装置。

（7）作业前，必须对工作现场周围环境、行驶道路、架空电线、建筑物以及构件重量和分布等情况进行全面了解。塔式起重机作业时，起重臂杆起落及回转半径内不得有障碍物，与架空输电导线的安全距离应符合规定。

（8）塔式起重机的指挥人员、操作人员必须持证上岗，作业时应严格执行指挥人员的信号，如信号不清或错误时，操作人员应拒绝执行。

（9）在进行塔式起重机回转、变幅、行走和吊钩升降等动作前，操作人员应检查电源电压是否达到 380V，变动范围不得超过 +20V、−10V，送电前启动控制开关应在零位，并应鸣声示意。

（10）塔式起重机的动臂变幅限制器、行走限位器、力矩限制器、吊钩高度限制器以及各种行程限位开关等安全保护装置，必须安全完整、灵敏可靠，不得随意调整和拆除。严禁用限位装置代替操作机构。

(11) 塔式起重机不得超荷载和起吊不明质量的物件。

(12) 突然停电时，应立即把所有控制器拨到零位，断开电源开关，并采取措施将重物安全降到地面，严禁起吊重物后长时间悬挂空中。

(13) 起吊重物时应绑扎平稳、牢固，不得在重物上悬挂或堆放零星物件。零星材料和物件必须用吊笼或钢丝绳绑扎牢固后方可起吊。严禁使用塔式起重机进行斜拉、斜吊和起吊地下埋设或联结在地面上的重物。

(14) 遇有6级及以上的大风或大雨、大雪、大雾等恶劣天气时，应停止塔式起重机露天作业。在雨雪过后或雨雪中作业时，应先进行试吊，确认制动器灵敏可靠后方可进行作业。

(15) 在起吊荷载达到塔式起重机额定起重量的90%及以上时，应先将重物吊起离地面20~50cm后停止提升，进行下列各项检查：起重机的稳定性、制动器的可靠性、重物的平稳性、绑扎的牢固性。

(16) 重物提升和降落速度要均匀，严禁忽快忽慢和突然制动。左右回转动作要平稳，当回转未停稳前不得作反向动作。非重力下降式塔式起重机，严禁带载自由下降。

**2. 土石方机械的安全控制要点**

(1) 土石方机械作业前，应查明施工场地明、暗设置物（电线、地下电缆、管道、坑道等）的地点及走向，并采用明显记号标识。严禁在离电缆1m距离以内作业。

(2) 机械运行中，严禁接触转动部位和进行检修。在修理（焊、铆等）工作装置时，应使其降到最低位置，并应在悬空部位垫上垫木。

(3) 在施工中遇下列情况之一时应立即停工，待符合作业安全条件时，方可继续施工：

① 填挖区土体不稳定，有发生坍塌危险时；

② 气候突变，发生暴雨、水位暴涨或山洪暴发时；

③ 在爆破警戒区内发出爆破信号时；

④ 地面涌水冒泥，出现陷车或因雨发生坡道打滑时；

⑤ 工作面净空不足以保证安全作业时；

⑥ 施工标志、防护设施损毁失效时。

(4) 配合机械作业的清底、平地、修坡等人员，应在机械回转半径以外工作，如图4-16所示。当必须在回转半径以内工作时，应停止机械回转并制动好后，方可作业。

图4-16 施工人员应该在回转半径以外工作

（5）推土机行驶前，严禁有人站在履带或刀片的支架上，机械四周应无障碍物，确认安全后，方可开动。

（6）铲运机作业中，严禁任何人上下机械，传递物件以及在铲斗内、拖把或机架上坐立。非作业行驶时，铲斗必须用锁紧链条挂牢在运输行驶位置上，机上任何部位均不得载人或装载易燃、易爆物品。

（7）蛙式夯实机进行夯实作业时，应一人扶夯，一人传递电缆线，且必须戴绝缘手套和穿绝缘鞋。递线人员应跟随夯机后或两侧调顺电缆线，电缆线不得扭结或缠绕，且不得张拉过紧，应保持有 3～4m 的余量。

（8）电动冲击夯应装有漏电保护装置，操作人员必须戴绝缘手套，穿绝缘鞋。作业时，电缆线不应拉得过紧，应经常检查线头安装，不得出现松动及引起漏电。严禁冒雨作业。

（9）风动凿岩机严禁在废炮眼上钻孔和骑马式操作，钻孔时，钻杆与钻孔中心线应保持一致。在装完炸药的炮眼 5m 以内，严禁钻孔。

（10）电动凿岩机电缆线不得敷设在水中或在金属管道上通过。施工现场应设标志，严禁机械、车辆等在电缆上通过。

**3. 施工电梯的安全控制要点**

（1）凡建筑工程工地使用的施工电梯，必须是通过省（自治区、直辖市）级以上主管部门鉴定合格和有许可证的制造厂家的合格产品。

（2）在施工电梯周围 5m 内，不得堆放易燃、易爆物品及其他杂物，不得在此范围内挖沟开槽。电梯 2.5m 范围内应搭坚固的防护棚。

（3）严禁利用施工电梯的井架、横竖支撑和楼层站台牵拉悬挂脚手架、施工管道、绳缆、标语旗帜及其他与电梯无关的物品。

（4）司机必须身体健康，并经过专业培训、考核合格，取得主管部门颁发的机械操作合格证后，方能独立操作。

（5）经常检查基础是否完好，是否有下沉现象。检查导轨架的垂直度是否符合出厂说明书要求，说明书无规定的就按 80m 高度不大于 25mm，100m 高度不大于 35mm 检查。

（6）检查各限位安全装置情况，经检查无误后先将梯笼升高至离地面 1m 处停车检查制动是否符合要求，然后继续上行至试验楼层站台，检查防护门、上限位以及前、后门限位，并观察运转情况，确认正常后，方可正式投产。

（7）若载运熔化沥青、剧毒物品、化学溶液、笨重构件、易燃物品和其他特殊材料时，必须由技术部门会同安全、机务和其他有关部门制定安全措施向操作人员交底后方可载运。

（8）运载货物应做到均匀分布，防止偏载，物料不得超出梯笼之外。

（9）运行到上下尽端时，不准以限位停车（检查除外）。

（10）凡遇有下列情况时应停止运行：天气恶劣，如雷雨、6 级及以上大风、大雾、导轨结冰等情况；灯光不明，信号不清；机械发生故障，未彻底排除；钢丝绳断丝磨损超过规定。

**4. 物料提升机（龙门架、井字架）的安全控制要点**

（1）提升机宜选用可逆式卷扬机，高架提升机不得选用摩擦式卷扬机。卷筒边缘必须设置防止钢丝绳脱出的防护装置。

（2）钢丝绳端部的固定当采用绳卡时，绳卡应与绳径匹配，其数量不得少于 3 个且间距不小于钢丝绳直径的 6 倍。绳卡滑鞍放在受力绳的一侧，不得正反交错设置绳卡。

（3）提升机应具有下列安全防护装置并满足其要求：安全停靠装置；断绳保护装置；层楼安全门、吊篮安全门；上料口防护棚；上极限限位器；下极限限位器；紧急断电开关；信号装置；缓冲器；超载限制器；通信装置。

（4）提升机基础应有排水措施。距基础边缘5m范围内，开挖沟槽或进行有较大震动的施工时，必须有保证架体稳定的措施。

（5）附墙架与提升机架体及建筑之间，均应采用刚性件连接，并形成稳定结构，不得连接在脚手架上，严禁使用钢丝绑扎。

（6）缆风绳应在架体四角有横向缀件的同一水平面上对称设置，使其在结构上引起的水平分力处于平衡状态。

（7）物料提升机经验收合格后方可使用，操作时应遵守有关安全技术标准、规范、规程和使用说明书中的有关规定进行。

**5. 桩工机械的安全控制要点**

（1）打桩机类型应根据桩的类型、桩长、桩径、地质条件、施工工艺等因素综合考虑选择。打桩机作业区内应无高压线路。作业区应有明显标志或围栏，非工作人员不得进入。桩锤在施打过程中，操作人员必须在距离桩锤中心5m以外监视。

（2）严禁吊桩、吊锤、回转或行走等动作同时进行。打桩机在吊有桩和锤的情况下，操作人员不得离开岗位。

（3）悬挂振动桩锤的起重机，其吊钩上必须有防松脱的保护装置。振动桩锤悬挂钢架的耳环上应加装保险钢丝绳。

（4）压桩时，非工作人员应离机10m以外。起重机的起重臂下严禁站人。

（5）夯锤落下后，在吊钩尚未降至夯锤吊环附近前，操作人员不得提前下坑挂钩。从坑中提锤时，严禁挂钩人员站在锤上随锤提升。

**6. 混凝土机械的安全控制措施**

（1）固定式搅拌机的操纵台，应使操作人员能看到各部工作情况。

（2）作业前，应先启动搅拌机空载运转，进行料斗提升实验，观察并确认离合器、制动器灵活可靠。

（3）进料时，严禁将头或手伸入料斗与机架之间。运转中，严禁用手或工具伸入搅拌筒内扒料、出料。

（4）搅拌机作业中，当料斗升起时，严禁任何人在料斗下停留或通过。当需要在料斗下检修或清理基坑时，应将料斗提升后用铁链或插销锁住。

（5）插入式振捣器电缆线应满足操作所需的长度。电缆线上不得堆压物品或让车辆挤压，严禁用电缆线拖拉或吊挂振动器。

**7. 钢筋加工机械的安全控制要点**

（1）室外作业应设置机棚，机旁应有堆放原料、半成品的场地。

（2）冷拉场地应在两端地锚外侧设置警戒区，并应安装防护栏及警告标志。无关人员不得在此停留。操作人员在作业时必须离开钢筋2m以外。

（3）用延伸率控制的装置，应装设明显的限位标志，并应有专人负责指挥。

**8. 铆焊设备的安全控制要点**

（1）焊接操作及配合人员必须按规定穿戴劳动防护用品。并必须采取防止触电、高空坠落、瓦斯中毒和火灾等事故的安全措施。

（2）对承压状态的压力容器及管道、带电设备、承载结构的受力部位和装有易燃、易爆物品的容器严禁进行焊接和切割。

（3）气焊电石起火时必须用干砂或二氧化碳灭火器，严禁用泡沫、四氯化碳灭火器或水灭火。电石粒末应在露天销毁。

**9.气瓶的安全控制要点**

（1）施工现场使用的气瓶应按标准色标涂色。

（2）气瓶不得靠近热源和明火放置，可燃、助燃性气体气瓶，与明火的距离一般不小于10m，应保证气瓶瓶底干燥；禁止敲击、碰撞；禁止在气瓶上进行电焊引弧；严禁用带油的手套开气瓶。

（3）氧气瓶和乙炔瓶在室温下，满瓶之间安全距离 5m，距点火源之间距离 10m，如图4-17 所示。

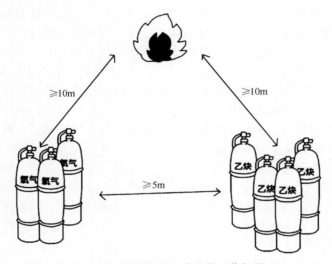

图 4-17 氧气瓶与乙炔瓶的工作间距

（4）瓶阀冻结时，不得用火烘烤，夏季要有防日光曝晒的措施，如图 4-18 所示。

图 4-18 防止曝晒

（5）气瓶内的气体不能用尽，必须留有剩余压力或重量。

（6）气瓶必须配好瓶帽、防震圈（集装气瓶除外）；旋紧瓶帽，轻装，轻卸，严禁抛、滑、滚动或撞击。

**10．木工机械的安全控制要点**

（1）按照"有轮必有罩、有轴必有套"和"锯片有罩，锯条有套，刨（剪）、切有挡，安全器送料"的要求，对各种木工机械配置相应的安全防护装置，尤其徒手操作、接触危险部位的，一定要设置安全防护措施。

（2）对生产噪声、木粉尘或挥发性有害气体的机械设备，要配置与其机械运转相连接的消声、吸尘或通风装置，以消除或减轻职业危害，维护职工的安全和健康。

（3）木工机械的刀轴与电气应有安全联控装置，在装卸或更换刀具及维修时，能切断电源并保持断开位置，以防误触电源开关或突然供电启动机械而造成人身伤害事故。

（4）针对木材加工作业中的木料反弹危险，应采用安全送料装置或设置分离刀、防反弹安全屏护装置，以保障人身安全。

（5）在装设正常启动和停机操纵装置的同时，还应专门设置遇事故可紧急停机的安全控制装置。按此要求，对各种木工机械应制订与其配套的安全装置技术标准。国产定型的木工机械，在供货的同时，必须带有完备的安全装置，并供应维修时所需的安全配件，以便在安全防护装置失效后予以更新。对缺少安全装置或其失效的木工机械，应禁止或限制使用。

**11．手持电动工具的安全控制要点**

（1）使用刃具的机具，应保持刃磨锋利，完好无损，安装正确，牢固可靠。使用砂轮的机具，应检查砂轮与接盘间的软垫并安装稳固，凡受潮、变形、有裂纹、破碎、有碴边或缺口、接触过油或碱类的砂轮均不得使用，并不得将受潮的砂轮片自行烘干使用。

（2）在潮湿地区或在金属构架、压力容器、管道等导电良好的场所作业时，必须使用双重绝缘或加强绝缘的电动工具。

（3）非金属壳体的电动机、电器，在存放和使用时不应受压、受潮，并不得接触汽油等溶剂。

（4）机具启动后，应先空载运转，检查并确认机具转动灵活无阻。作业时，加力应平稳，不得用力过猛。

（5）严禁超载使用。作业中应注意声响及温升，发现异常应立即停机检查。在作业时间过长，机具温升超过60℃时，应停机，待其自然冷却后再行作业。

（6）作业中，不得用手触摸刃具、模具和砂轮，发现其有磨钝、破损情况时，应立即停机或更换，然后再继续进行作业。机具转动时，不得撒手不管。

# 第五章 ▶▶

# 安全员如何编制事故应急救援预案

## 第一节 事故应急救援预案编制内容

### 一、指导思想

为保证企业、社会及人民生命财产的安全，防止突发性重大事故发生，并能在事故发生后迅速有效地控制处理，根据各单位实际，本着"预防为主、自救为主、统一指挥、分工负责"的原则，应制订企业的"事故应急救援预案"（以下称"预案"）。

### 二、基本内容

（1）基本情况。包括：企业主要的资质能力及年工程量；主要机械设备及危险物品的品名及正常储量；职工人员的基本情况；主要工程所在地，占地面积，周围外 500m、1000m范围内的居民（包括工矿企事业单位及人数）；气象状况。

（2）危险目标的数量及基本情况。

（3）指挥机构的设备和职责。

（4）装备及通信网络和联络方式。

（5）应急救援专业队伍的任务和训练内容。

（6）预防事故的措施。

（7）事故处置的预案。

（8）工程抢险抢修预案。

（9）现场医疗救护准备。

（10）紧急安全疏散预案。

（11）社会支援预案等。

### 三、指挥机构及其职责与分工

#### 1. 指挥机构

企业成立应急救援指挥领导小组，由企业主要负责人、有关副职及生产、安全、设备、保卫、卫生、环保等部门领导组成，下设应急救援办公室，日常工作由安全部门兼管。发生重大事故时，以指挥领导小组为基础，立即成立应急救援指挥部，主要负责人任总指挥，有关副职任副总指挥，全面负责应急救援工作的组织和指挥，指挥部可设在有关生产科室。在编制"预案"时应明确若主要领导和副职不在企业时，由安全部门或其他部门负责人为临时总指挥，全权负责应急救援工作。

**2. 指挥机构职责**

（1）应急救援指挥领导小组：负责本单位"预案"的制订、修订，组建应急救援专业队伍，组织实施和演练，检查督促做好重大事故的预防措施和应急救援的各项准备工作。

（2）应急救援指挥部：发生重大事故时，由指挥部发布和解除应急救援命令、信号，组织指挥救援队伍实施救援行动，向上级汇报和向友邻单位通报事故情况，必要时向有关单位发出救援请求。组织事故调查，总结应急救援经验教训。

**3. 指挥部人员分工**

（1）总指挥：全面组织指挥应急救援工作。

（2）副总指挥：协助总指挥负责应急救援的具体指挥工作。

（3）安全科长：协助总指挥做好事故报警、情况通报及事故处置工作。

（4）保卫科长：负责灭火、警戒、治安保卫、疏散、道路管制工作。

（5）生产科长（或调度长）：负责事故处置时生产调度工作、事故现场通信联络和对外联系。

（6）设备（机动）科长：协助总指挥负责工程抢险抢修工作的现场指挥。

（7）卫生科长（包括气防站长）：负责现场医疗救护指挥及中毒、受伤人员分类抢救和护送转院工作。

（8）总务科长：负责受伤、中毒人员的生活必需品供应。

（9）供销科长：负责抢险救援物资的供应和运输工作。

# 四、应急组织及其职责

**1. 应急组织**

（1）应急领导小组：项目经理为该小组组长，主管安全生产的项目副经理、技术负责人为副组长。

（2）现场抢救小组：项目部安全部负责人为组长，安全部全体人员为现场抢救组成员。

（3）医疗救治小组：项目部医务室负责人为组长，医务室全体人员为医疗救治组成员。

（4）后勤服务小组：项目部后勤部负责人为组长，后勤部全体人员为后勤服务组成员。

（5）保安小组：项目部保安部负责人为组长，全体保安员为组员。

**2. 应急组织职责**

（1）应急领导小组职责：建设工地发生安全事故时，负责指挥工地抢救工作，向各现场抢救小组下达抢救指令任务，协调各组之间的抢救工作，随时掌握各组最新动态并做出最新决策，第一时间向公安部门、消防部门、救护机构、企业应急救援指挥部、当地政府安监部门求援或报告灾情。平时应急领导小组成员轮流值班，值班者必须住在工地现场，手机 24 小时开通，发生紧急事故时，在项目部应急领导小组组长抵达工地前，值班者即为临时救援组长。

（2）现场抢救小组职责：采取紧急措施，尽一切可能抢救伤员及被困人员，防止事故进一步扩大。

（3）医疗救治小组职责：对抢救出的伤员，视情况采取急救处置措施，尽快送医院抢救。

（4）后勤服务小组职责：负责交通车辆的调配，紧急救援物资的征集及人员的餐饮供应。

（5）保安小组职责：负责工地的安全保卫，支援其他抢救组的工作，保护现场。

# 五、相关制度

为了能在事故发生后，迅速、准确、有效地进行处理，必须制订好"事故应急救援预案"，做好应急救援的各项准备工作，对全体职工进行经常性的应急救援常识教育，落实岗位责任制和各项规章制度。同时还应建立以下相应制度。

**1. 值班制度**

建立 24 小时值班制度，夜间由行政值班人员和生产调度部门负责，遇到问题及时处理。

**2. 检查制度**

每月由企业应急救援指挥领导小组结合安全生产工作，检查应急救援工作情况。发现问题及时整改。

**3. 例会制度**

每季度由应急救援指挥领导小组组织召开一次指挥组成员和各救援队伍负责人会议，检查上季度工作，并针对存在的问题，积极采取有效措施，加以改进。

## 六、危险目标的确定及潜在危险性的评估

对每个已确定的危险目标要做出潜在危险性的评估，即评估一旦发生事故可能造成的后果，可能对人员、设备及周围带来的危害及范围。预测可能导致事故发生的途径，如误操作、设备失修、腐蚀、工艺失控、物料不纯、泄漏等。

## 七、救援队伍

企业根据实际需要，应建立各种不脱产的专业救援队伍，包括抢险抢修队、医疗救护队、义务消防队、通信保障队、治安队等，救援队伍是事故应急救援的骨干力量，担负企业各类重大事故的处置任务。企业的职工医院应承担现场和院内各类伤员的抢救治疗任务。

## 八、装备和信号

为保证应急救援工作及时有效，事先必须配备装备器材，并对信号做出规定。

（1）企业必须针对危险目标并根据需要，将抢险抢修、个体防护、医疗救援、通信联络等装备器材配备齐全。平时要专人维护、保管、检验，确保器材始终处于完好状态，保证能有效使用。

（2）信号规定。对各种通信工具、警报及事故信号，平时必须做出明确规定。报警方法、联络号码和信号使用规定要置于明显位置，使每一位值班人员熟练掌握。

## 九、救援器材

（1）医疗器材：担架、氧气袋、急救箱。工地急救箱如图 5-1 所示。

（2）抢救工具：一般工地常备工具即基本满足使用。

（3）照明器材：手电筒、应急灯、36V 以下安全线路、其余必要的安全灯具。

（4）通信器材：电话、手机、对讲机、报警器。

（5）交通工具：工地常备一辆值班面包车，该车轮值班时不应跑长途。

（6）灭火器材：灭火器日常按要求就位，紧急情况下集中使用。

① 泡沫灭火器的使用步骤如图 5-2 所示。

② 推车式泡沫灭火器的使用步骤如图 5-3 所示。

图 5-1　工地急救箱

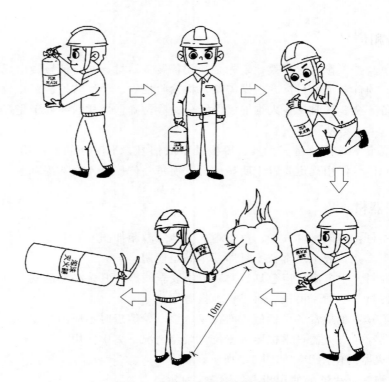

图 5-2　泡沫灭火器的使用步骤

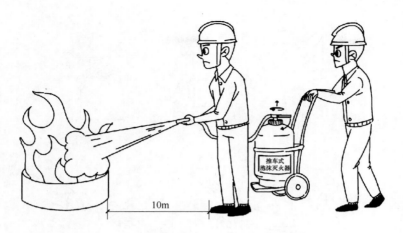

图 5-3　推车式泡沫灭火器的使用步骤

③ 二氧化碳灭火器的使用步骤如图 5-4 所示。

图 5-4　二氧化碳灭火器的使用步骤

④ 干粉灭火器的使用步骤如图 5-5 所示。

⑤ 消防水枪的使用方法如图 5-6 所示。

## 十、通信联络

项目部必须将 110、119、120、项目部应急领导小组成员的手机号码、企业应急救援指挥领导小组成员手机号码、当地安全监督部门电话号码，明示于工地显要位置。工地抢险指挥人员及保安员应熟知这些号码。

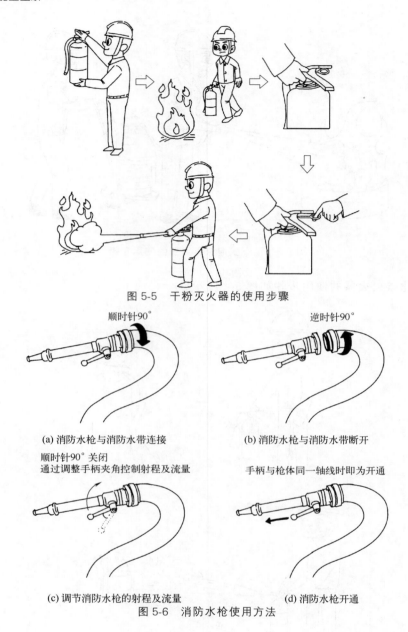

图 5-5 干粉灭火器的使用步骤

顺时针90°　　　　　　　　　　逆时针90°

(a) 消防水枪与消防水带连接　　　　　(b) 消防水枪与消防水带断开

顺时针90°关闭
通过调整手柄夹角控制射程及流量　　　手柄与枪体同一轴线时即为开通

(c) 调节消防水枪的射程及流量　　　　(d) 消防水枪开通

图 5-6 消防水枪使用方法

## 十一、应急知识培训

应急组织成员在接受项目安全教育时必须附带接受紧急救援培训。

培训内容：伤员急救常识、灭火器材使用常识、各类重大事故抢险常识等。务必使应急组织成员在发生重大事故时能较熟练地履行抢救职责。

## 十二、制订预防事故的措施

对已确定的危险目标，根据其可能导致事故的途径，采取有针对性的预防措施，避免事故发生。各种预防措施必须建立责任制，落实到部门（单位）和个人。同时还应制订，一旦发生大量有害物料泄漏、着火、爆炸以及其他重大事故时，尽力降低危害程度的措施。

## 十三、事故报告

工地发生安全事故后，企业、项目部除立即组织抢救伤员，采取有效措施防止事故扩大和保护事故现场，做好善后工作外，还应按下列规定报告有关部门。

（1）轻伤事故：应由项目部在 24 小时内报告企业领导、生产办公室和企业工会。

（2）重伤事故：企业应在接到项目部报告后 24 小时内报告上级主管单位、安全生产监督管理局和工会组织。

（3）重伤 3 人以上或死亡 1～2 人的事故：企业应在接到项目部报告后 4 小时内报告上级主管单位、安全监督部门、工会组织和人民检察机关，填报《事故快报表》，企业工程部负责安全生产的领导接到项目部报告后 4 小时应到达现场。

（4）死亡 3 人以上的重大、特别重大事故：企业应立即报告当地市级人民政府，同时报告市安全生产监督管理局、工会组织、人民检察机关和监督部门，企业安全生产第一责任人（或委托人）应在接到项目部报告后 4 小时内到达现场。

（5）急性中毒、中暑事故：应同时报告当地卫生部门。

（6）爆炸和火灾事故：应同时报告当地公安部门。

## 十四、事故处置

### 1. 处置方案

根据危险目标模拟事故状态，制订出各种事故状态下的应急处置方案，如支模坍塌、结构坍塌、大型设备坍塌、基坑坍塌、大面积漏电、大面积人员中毒等，如大量毒气泄漏、多人中毒、燃烧、爆炸、停水、停电等，包括通信联络、抢险抢救、医疗救护、伤员转送、人员疏散、生产系统指挥、上报联系、救援行动方案等。

### 2. 处理程序

指挥部应制订事故处理程序图，一旦发生重大事故时，第一步先做什么，第二步应做什么，第三步再做什么，都有明确规定。指挥人员应做到临危不惧，正确指挥。重大事故发生时，各有关部门应立即处于紧急状态，在指挥部的统一指挥下，根据对危险目标潜在危险的评估，按处置方案有条不紊地处理和控制事故，既不要惊慌失措，也不要麻痹大意，尽量把事故控制在最小范围内，最大限度地减少人员伤亡和财产损失。

## 十五、紧急安全疏散及紧急避险

在发生重大事故，可能对项目区域内外人群安全构成威胁时，必须在指挥部统一指挥下，对与事故应急救援无关的人员进行紧急疏散。当可能威胁到附近居民（包括友邻单位人员）安全时，指挥部应立即和地方有关部门联系，引导居民迅速撤离到安全地点。

事故发生后应有紧急避险措施，防止事故进一步扩大和伤亡人员的增加，防止在抢险时发生二次事故。

## 十六、工程抢险抢修

有效的工程抢险抢修是控制事故、消灭事故的关键。抢险人员应根据事先拟定的方案，在做好个体防护的基础上，以最快的速度及时排险、抢险，消灭事故。

### 十七、现场医疗救护

（1）各现场应建立抢救小组，每个职工都应学会心肺复苏术。一旦发生事故出现伤员，首先要做好自救互救。

（2）对高处坠落、骨折的人员不能随意搬动，要用担架、模板等搬运，如图 5-7、图 5-8 所示。对于气体中毒、窒息伤员，应尽快进行通风，让其呼吸新鲜空气。对发生化学中毒的病人，应及时注射特效解毒剂或进行必要的医学处理后根据中毒和受伤程度转送各类医院。

图 5-7　不能随意搬动或摇动伤者

图 5-8　施工现场高处坠落伤员的搬运

（3）在职工医院和卫生所抢救室应有抢救程序图，每一位医务人员都应熟练掌握每一步抢救措施的具体内容和要求。

## 十八、社会支援

企业一旦发生重大事故，本单位抢险抢救力量不足或有可能危及社会安全时，指挥部必须立即向上级和友邻单位通报，必要时请社会力量援助。社会援助队伍进入项目区域时，指挥部应责成专人联络、引导并告知安全注意事项。

## 十九、训练和演习

要加强对各救援队伍的培训。指挥领导小组要从实际出发，针对危险目标可能导致的事故，每年至少组织一次模拟演习。把指挥机构和各救援队伍训练成一支思想好、技术精、作风硬的指挥班子和抢救队伍。一旦发生事故，指挥机构能正确指挥，各救援队伍能根据各自任务及时有效地排除险情、控制并消灭事故、抢救伤员，做好应急救援工作。

## 第二节　建设工程施工现场安全事故预防措施

### 一、触电事故预防措施

（1）施工现场可能发生触电伤害事故的情形：在建工程与外电高压线之间不达安全操作距离或防护不符合安全要求；临时用电架设未采用 TN-S 系统，不达"三级配电两级保护"要求；雨天露天电焊作业；不遵守手持电动工具安全操作规程；照明灯具金属外壳未做接零保护，潮湿作业未采用安全电压；高大机械设备未设防雷接地；非专职电工操作临时用电等。

（2）预防措施如下。

① 施工现场做到临时用电的架设、维护、拆除等由专职电工完成。

② 在建工程的外侧防护与外电高压线之间必须保持安全操作距离。达不到要求的，要增设屏障、遮拦或保护网，避免施工机械设备或钢架触高压电线。无安全防护措施时，禁止强行施工。

③ 综合采用 TN-S 系统和漏电保护系统，组成防触电保护系统，形成防触电的两道防线。

④ 在建工程不得在高、低压线下方施工、搭设工棚、建造生活设施或堆放构件、架具、材料及其他杂物。

⑤ 坚持"一机、一闸、一漏、一箱"的原则。配电箱、开关箱要合理设置，避免不良环境因素损害和引发电气火灾，其装设位置应避开污染介质、外来固体撞击、强烈振动、高温、潮湿、水溅以及易燃易爆物等。

⑥ 雨天禁止露天电焊作业。

⑦ 按照《施工现场临时用电安全技术规范》（JGJ 46—2005）的要求，做好各类电动机械和手持电动工具的接地或接零保护，保证其安全使用。凡移动式照明，必须采用安全电压，如图 5-9 所示。

⑧ 坚持临时用电定期检查制度。

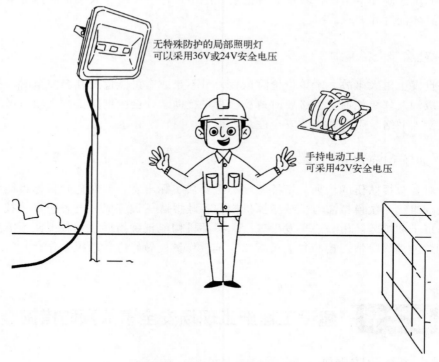

无特殊防护的局部照明灯
可以采用36V或24V安全电压

手持电动工具
可采用42V安全电压

图 5-9　照明必须采用安全电压

## 二、高处坠落及物体打击事故预防措施

（1）施工现场可能发生高处坠落和物体打击事故的情形：临边、洞口防护不严；高处作业物料堆放不平稳；架上嬉戏、打闹、向下抛掷物料；不使用劳保用品，酒后上岗，不遵守劳动纪律；起重、吊装工未按安全操作规程操作，龙门架、井架吊篮乘人。

（2）预防措施如下。

① 凡在距地 2m 以上，有可能发生坠落的楼板边、阳台边、屋面边、基坑边、基槽边、电梯井口、预留洞口、通道口、基坑口等高处作业时，都必须设置有效可靠的防护设施，防止高处坠落和物体打击，如图 5-10 所示。

② 施工现场使用的龙门架（井架），必须制订安装和拆除施工方案，严格遵守安装和拆除顺序，有效限位装置配备齐全。在运行前，要对超高限位、制动装置、断绳保险等安全设施进行检查验收，经确认合格有效，方可使用。

③ 脚手架外侧边缘用密目式安全网封闭。搭设脚手架必须编制施工方案和技术措施，操作层的跳板必须满铺，并设置踢脚板和防护栏杆或安全立网。在搭设脚手架前，须向工人做较为详细的交底。

④ 模板工程的支撑系统，必须进行设计计算，并制订有针对性的施工方案和安全技术措施。

⑤ 塔式起重机在使用过程中，必须具有力矩限位器和超高、变幅及行走限位装置，并灵敏可靠。塔式起重机的吊钩要有保险装置。

⑥ 严禁架上嬉戏、打闹、酒后上岗和从高处向下抛掷物块，以避免造成高处坠落和物体打击。

>2m

防护设施

图 5-10 高处作业设置防护设施

### 三、机械伤害事故预防措施

（1）施工现场可能发生机械伤害的情形：机械设备未按说明书安装、未按技术性能要求使用；机械设备缺少安全装置或安全装置失效；对运行中的机械进行维修、保养、调整，未按操作规程操作；机械设备带病运作。

（2）预防措施如下。

① 机械设备应按其技术性能的要求正确使用。缺少安全装置或安全装置已失效的机械设备不得使用。

② 按规范要求对机械进行验收，验收合格后方可使用。

③ 机械操作工持证上岗，工作期间坚守岗位，按操作规程操作，遵守劳动纪律。

④ 处在运行和运转中的机械，严禁对其进行维修、保养或调整等作业。

⑤ 机械设备应按时进行保养，当发现有漏保、失修或超载带病运转等情况时，有关部门应停止其使用。

### 四、中毒事故预防措施

（1）施工现场可能发生中毒的情形：人工挖孔桩施工时，地下存在各种毒气；现场焚烧易生成有毒物质；食堂采购的食物中含有毒物质或工人食用腐烂、变质食品；工人冬季取暖时发生煤气中毒。

（2）预防措施如下。

① 人工挖孔桩施工时，要进行毒气试验和配备通风设施。

② 严禁现场焚烧有害有毒物质。

③ 工人生活设施符合卫生要求，不吃腐烂、变质食品。炊事员持健康证上岗。暑伏天要合理安排作息时间，防止中暑脱水现象发生。

### 五、火灾事故预防措施

（1）施工现场易引发火灾的情形：电气线路超过负荷或线路短路引起火灾；电热设备、照明灯具使用不当引起火灾，大功率照明灯具与易燃物距离过近引起火灾，电弧、电火花等引起火灾；电焊机、点焊机使用时电气弧光、火花等会引燃周围物体，引起火灾；民工生活、住宿临时用电拉设不规范，有乱拉乱接现象；民工在宿舍内生火煮食、取暖引燃易燃物质等。

（2）预防措施如下。

① 做施工组织设计时要根据电气设备的用电量正确选择导线截面，导线架空敷设时其安全间距必须满足规范要求。

② 电气操作人员要认真执行规范，正确连接导线，接线柱要压牢、压实。

③ 现场用的电动机严禁超载使用，电机周围无易燃物，发现问题及时解决，保证设备正常运转。

④ 施工现场内严禁使用电炉子；使用碘钨灯时，灯与易燃物间距要大于 30cm；室内不准使用功率超过 60W 的灯泡。

⑤ 使用焊机时要执行用火证制度，并有人监护，施焊周围不能存在易燃物体，并配备防火设备。电焊机要放在通风良好的地方。

⑥ 施工现场的高大设备做好防雷接地工作。

⑦ 存放易燃气体、易燃物仓库内的照明装置一定要采用防爆型设备，导线敷设、灯具安装、导线与设备连接均应满足有关规范要求。

### 六、易燃、易爆危险品引起火灾、爆炸事故预防措施

（1）施工现场由于易燃、易爆物品使用可能引起火灾、爆炸的情形：施工现场使用油漆、松节油、汽油等涂料或溶剂；使用具有挥发性、易燃性溶剂稀释的涂料时使用明火或吸烟；焊、割作业点与氧气瓶、电石桶和乙炔发生器等危险品的距离过小。

（2）预防措施如下。

① 使用具有挥发性、易燃性的易燃、易爆危险品的现场不得使用明火或吸烟，同时应加强通风，使作业场所有害气体浓度降低，如图 5-11～图 5-14 所示。

图 5-11　易燃、易爆危险品库房内严禁明火

图 5-12　库房严禁明火

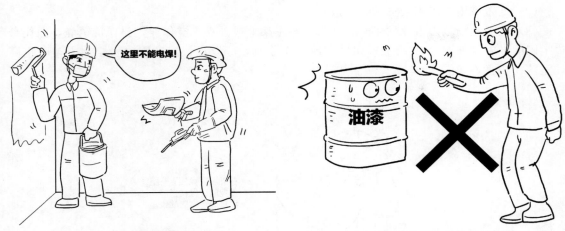

图 5-13 油漆作业场所严禁电焊作业　　　　图 5-14 油漆作业场所严禁明火

② 焊、割作业点与氧气瓶、电石桶和乙炔发生器等危险品物品的距离不得少于 10m，与易燃、易爆物品的距离不得少于 30m。

## 七、土方坍塌事故预防措施

(1) 施工现场可能发生坍塌事故的情形：土方施工采用挖空底脚的方法挖土；积土、料具、机械设备堆放离坑、槽小于设计规定；坑、槽开挖设置安全边坡不符合安全要求；深基坑未设专项支护设施、不设上下通道，人员上下坑、槽踩踏边坡；料具堆放过于集中，荷载过大；模板支撑系统未经设计计算；基坑施工未设置有效排水等。

(2) 预防措施如下。

① 严禁采用挖空底脚的方法进行土方施工。

② 基础工程施工前要制订有针对性的施工方案，按照土质的情况设置安全边坡或固壁支撑。基坑深度超过 5m 需有专项支护设计。对基坑、井坑的边坡和固壁支架应随时检查，发现边坡有裂痕、疏松或支撑有折断、走动等危险征兆，应立即采取措施，消除隐患。对于挖出的泥土，要按规定放置，不得随意沿围墙或临时建筑堆放。

③ 施工中严格控制建筑材料、模板、施工机具或其他物料在楼层或屋面的堆放数量和重量，以避免产生大的集中荷载，造成楼板或屋面断裂。

④ 基坑施工要设置有效的排水措施，雨天要防止地表水冲刷土壁边坡，造成土方坍塌。

## 八、暴风雨预防措施

(1) 施工现场可能由暴风雨引起伤亡事故的情形：强风高处作业（六级以上、风速大于 10.8m/s）；基础土方施工由于无排（降）水措施导致土方边坡失稳。

(2) 预防措施如下。

① 基础土方施工应根据实际情况设置有效的排（降）水措施。

② 六级以上大风严禁登高作业，塔式起重机、施工电梯等应按规定安装接地保护和避雷装置。

## 九、地震、水灾预防措施

### 1. 地震预防措施

(1) 施工现场可能发生地震灾害的情形：由于地震导致建筑物损毁、人员伤害。

（2）处置措施：组织人员紧急疏散。

（3）施工现场地震事故发生时，如果在脚手架上或独立悬空作业，要保持镇静，抓住身边牢固的设施，如图 5-15 所示；如果在地面作业时，应以最快速度跑向安全地方，防止高处坠落物伤害，如图 5-16 所示。

在脚手架或独立悬空作业时，保持镇静，抓住身边牢固的设施

图 5-15    悬空作业时发生地震的处理方法

危险！

图 5-16    地面作业时发生地震的处理方法

**2. 水灾预防措施**

（1）施工现场可能发生水灾灾害的情形：由于水灾导致建筑物损毁、人员伤害。

（2）处置措施：组织人员紧急疏散。

## 第三节 事故的救援预案

### 一、处置程序

施工现场一旦发生事故时，施工现场应急组织应根据当时的情况立即采取相应的应急处置措施或进行现场抢救，同时要以最快的速度进行报警，应急救援指挥领导小组接到报告后，要立即赶赴事故现场，组织、指挥抢救排险，并根据规定向上级有关部门报告，尽量把事故控制在最小范围内，并最大限度地减少人员伤亡和财产损失。

公司及各在建工程项目部应制订出本单位的安全消防通道及安全疏散路线图，并确保通道的畅通，如图 5-17 所示，遇突发紧急事故时，由专人指挥与事故应急救援无关人员的紧急疏散，根据不同的事故，明确疏散的方向、距离和集中地点。施工现场消防安全疏散通道如图 5-18 所示。

图 5-17　保证安全消防通道及安全疏散通道的畅通

### 二、报警和联络方式

一旦发生事故时，施工现场应急组织在进行现场抢救、抢险的同时，要以最快的速度通过电话进行报警。如有人员伤亡的，要拨打"120"急救电话和公司报警电话。如果发生火灾，应拨打"119"火警电话和公司报警电话。工地应安装固定电话，无条件安装固定电话的工地应配置移动电话。固定电话可安装于办公室、值班室、警卫室内，一般应放在室内靠近现场通道的窗扇附近，如图 5-19 所示。

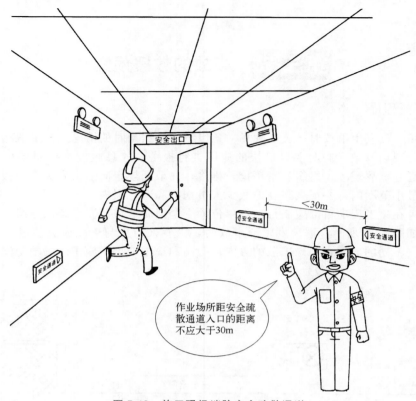

图 5-18  施工现场消防安全疏散通道

图 5-19  施工现场的固定电话

### 三、各类事故的救援预案

**1. 触电事故的救援预案**

一旦发生触电伤害事故，首先使触电者迅速脱离电源，方法是切断电源开关，用干燥的绝缘木棒、布带等将电源线从触电者身上剥离或将触电者剥离电源，如图 5-20 所示；然后将触电者移至空气流通好的地方，情况严重者，边就地采用人工呼吸法和心脏按压法抢救，同时就近送医院。

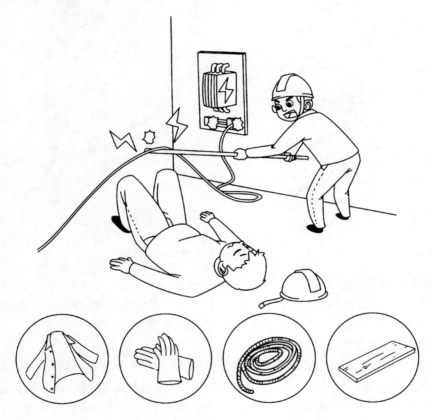

图 5-20   用绝缘物件将触电者剥离电源

**2. 高处坠落及物体打击事故的救援预案**

工地急救员边抢救边就近送医院。

**3. 坍塌事故的救援预案**

一旦发生事故，应尽快解除受灾人员受到的挤压。在解除挤压的过程中，切勿生拉硬拽，以免造成进一步伤害。现场救援时，应视不同伤情，采取心肺复苏术等急救方法进行正确的初步处理，同时，就近送医院抢救。事故严重时可能导致人员全身被埋，引起土埋窒息，在急救中应先清除被埋人员头部的土物，并迅速清除口、鼻污物，使其保持呼吸畅通，如图 5-21 所示。

**4. 机械伤害事故的救援预案**

（1）对于一些微小伤，工地急救员可以进行简单的止血、消炎、包扎。

（2）就近送医院。

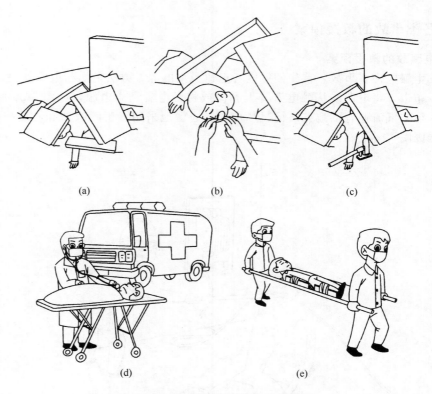

图 5-21　施工现场坍塌事故抢救流程

**5. 中毒事故的救援预案**

施工现场一旦发生中毒事故，可让病人大量饮水、刺激喉部使其呕吐，并立即送医院抢救，同时向当地卫生防疫部门报告，保留剩余食品以备检验。

**6. 火灾事故的救援预案**

（1）迅速切断电源，以免事态扩大，切断电源时应戴绝缘手套，如图 5-22 所示，或使用有绝缘柄的工具，如图 5-23 所示。当火场离开关较远需剪断电线时，火线和零线应分开错位剪断，以免在钳口处造成短路，并防止电源线掉在地上造成短路使人员触电。

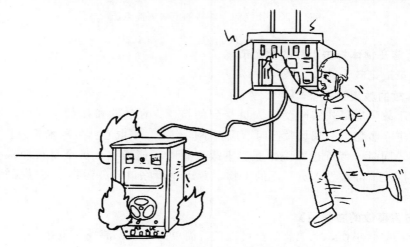

图 5-22　发生火灾迅速切断电源

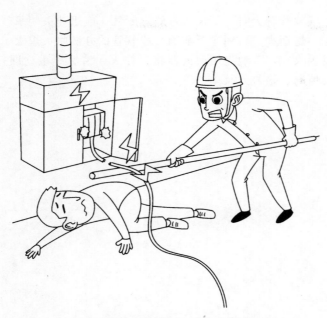

图 5-23 使用有绝缘柄的工具切断电源

（2）当电源线因其他原因不能及时切断时，一方面派人去供电端拉闸，一方面灭火时，人体的各部位与带电体保持充分距离，抢险人员必须穿戴绝缘用品。

（3）扑灭电气火灾时要用绝缘性能好的灭火剂如干粉灭火器、二氧化碳灭火器、1211灭火器中的灭火剂或干燥沙子等，相应灭火器如图 5-24 所示，严禁使用导电灭火剂扑救。

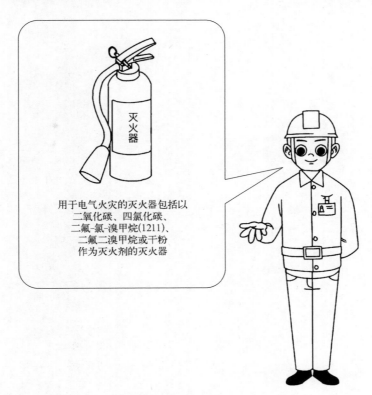

用于电气火灾的灭火器包括以二氧化碳、四氯化碳、二氟-氯-溴甲烷(1211)、二氟二溴甲烷或干粉作为灭火剂的灭火器

图 5-24 电气火灾灭火器

（4）气焊中，氧气软管着火时，不得折弯软管断气，应迅速关闭氧气阀门停止供氧。乙炔软管着火时，应先关熄炬火，可用弯折前面一段软管的办法将火熄灭。

（5）一般情况发生火灾，工地先用灭火器将火扑灭，情况严重立即打"119"报警，讲清火险发生的地点、情况、报告人及单位等。

# 第六章 ▶▶
# 安全员如何防范、救援和处理安全事故

## 第一节  常见安全事故类型及其原因

### 一、建筑生产安全事故分类

#### （一）按事故的原因及性质分类

从建筑活动的特点及事故的原因和性质来看，建筑安全事故可以分为四类，即生产事故、质量问题、技术事故和环境事故。

**1. 生产事故**

生产事故主要是指在建筑产品的生产、维修、拆除过程中，操作人员违反有关施工操作规程等而直接导致的安全事故。这类事故一般都是在施工作业过程中出现的，事故发生的次数比较频繁，是建筑安全事故的主要类型之一。目前我国对建筑安全生产的管理主要是针对生产事故。

**2. 质量问题**

质量问题主要是指由于设计不符合规范或施工达不到要求等原因而导致建筑结构实体或其使用功能存在瑕疵，进而引起安全事故的发生。在设计不符合规范方面，主要是一些没有相应资质的单位或个人私自出图和设计本身存在安全隐患。在施工达不到要求方面，一是施工过程违反有关操作规程留下隐患；二是有关施工主体偷工减料的行为导致安全隐患。质量问题可能发生在施工作业过程中，也可能发生在建筑实体的使用过程。特别是在建筑实体的使用过程中，质量问题带来的危害极其严重，如果在外加灾害（如地震、火灾）发生的情况下，其危害后果是不堪设想的。质量问题也是建筑安全事故的主要类型之一。

**3. 技术事故**

技术事故主要是指由于工程技术原因而导致的安全事故，技术事故的结果通常是毁灭性的。技术是安全的保证，曾被确信无疑的技术可能会在突然之间出现问题，起初微不足道的瑕疵可能导致灾难性的后果，很多时候正是由于一些不经意的技术失误才导致了严重的事故。在工程技术领域，人类历史上曾发生过多次技术灾难，包括人类和平利用核能过程中的切尔诺贝利核事故、"挑战者"号航天飞机爆炸事故等。

**4. 环境事故**

环境事故主要是指建筑实体在施工或使用的过程中，由于使用环境或周边环境原因而导致的安全事故。使用环境原因主要是对建筑实体的使用不当，比如荷载超标、以静荷载设计而以动荷载使用以及使用高污染建筑材料或放射性材料等。对于使用高污染建筑材料或放射性材料的建筑物，一是给施工人员造成职业病危害，二是对使用者的身体带来伤害。周边环境原因主要是一些自然灾害方面的，比如山体滑坡等。在一些地质灾害频发的地区，应该特别注意避免环境事故的发生。环境事故的发生，往往被归咎于自然灾害，其实是缺乏对环境事故的预判和防治能力。

### （二）按事故类别分类

按事故类别分，建筑业相关职业伤害事故可以分为12类，即：物体打击、车辆伤害、机械伤害、起重伤害、触电、灼烫、火灾、高处坠落、坍塌、爆炸、中毒和窒息、其他伤害。

### （三）按事故严重程度分类

可以分为轻伤事故、重伤事故和死亡事故三类。

扫码看视频

物体打击的预防

## 二、常见安全事故原因分析

### （一）人的不安全因素

人的不安全因素可分为个人的不安全因素和人的不安全行为两大类。

**1. 个人的不安全因素**

（1）心理上的不安全因素，是指人在心理上具有影响安全的性格、气质和情绪，如懒散、粗心等。

（2）生理上的不安全因素，包括视觉、听觉等感觉器官，体能、年龄及健康状况等不适合工作或作业岗位要求的影响因素。

（3）能力上的不安全因素，包括知识技能、应变能力、资格等不能适应工作和作业岗位要求的影响因素。

**2. 人的不安全行为**

施工现场，人的不安全行为类型主要有：

（1）操作失误，忽视危险、忽视警告；

（2）不当行为造成安全装置失效；

（3）使用不安全设备；

（4）用手代替工具操作；

（5）物体存放不当；

（6）冒险进入危险场所；

（7）攀坐不安全位置；

（8）在起吊物下作业、停留；

（9）在机器运转时进行检查、维修、保养等工作；

（10）有分散注意力行为；

（11）没有正确使用个人防护用品、用具；

（12）不安全装束；

（13）对易燃易爆品等危险物品处理错误。

### （二）物的不安全状态

物的不安全状态主要包括：

（1）防护装置等缺乏或有缺陷；

（2）设备、设施、工具、附件有缺陷；

（3）个人防护用品缺少或有缺陷；

（4）施工生产场地环境不良——现场布置杂乱无序、视线不畅、沟渠纵横、交通阻塞、材料工具乱堆、乱放，机械无防护装置，电器无漏电保护，粉尘飞扬、噪声刺耳等。这些使劳动者生理、心理难以承受的环境因素很可能诱发安全事故。

### （三）管理上的不安全因素

管理上的不安全因素也称管理上的缺陷，主要包括：对物的管理失误，包括技术、设计、结构上有缺陷，作业现场环境有缺陷，防护用品有缺陷等；对人的管理失误，包括教育、培训、指示和对作业人员的安排等方面的缺陷；管理工作的失误，包括对作业程序、操作规程、工艺过程的管理失误以及对采购、安全监控、事故防范措施的管理失误。

扫码看视频

## 第二节 施工常见安全事故的防范措施

高处坠落的安全防护

### 一、从机械设备上坠落事故的防范措施

（1）起重机顶升操作的人员必须是经专业培训考试合格的专业人员，并分工明确，专人指挥，非操作人员不得登上顶升套架的操作台，操作室内只准一人操作，必须听从指挥，如图 6-1 所示。

（2）禁止乘坐非乘人的垂直运输设备上下，如图 6-2 所示。

非操作人员

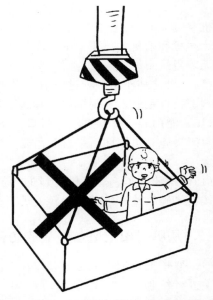

图 6-1 非操作人员不得登上顶升套架的操作台　　　图 6-2 禁止乘坐非乘人的垂直运输设备上下

（3）吊装作业时，无关人员不得进入塔式起重机操作室，起重机严禁乘运或提升人员，任何人不得站在被吊物体上随上随下。

（4）遇到风速达 12m/s 及以上强风或大雨、大雪、大雾天气，应停止露天高处作业和起重吊装作业。遇到风速达 9m/s 及以上强风或大雨、大雪、大雾天气，严禁进行建筑起重机械的安装拆卸作业。

（5）塔式起重机安装、拆卸的人员，应身体健康，并应每年进行一次体检，凡患有高血

压、心脏病、色盲、高度近视、耳背、癫痫、晕高或严重关节炎等疾病者，不宜从事此项操作。

（6）塔式起重机司机必须经扶梯上下，上下扶梯时严禁手携工具物品。

（7）施工电梯司机必须经专门安全技术培训，考试合格，持证上岗。另外，司机必须身体健康，两眼视力均不得低于1.0，无色盲、听力障碍、高血压、心脏病、癫痫、眩晕、突发性昏厥及其他影响起重吊装作业的疾病与生理缺陷。严格禁止酒后作业，如图6-3所示。

图6-3　严格禁止
酒后作业

（8）电梯调试过程中，在任何情况下，不得跨于轿厢与厅门之间进行工作。严禁探头于中间梁下、门厅口下、各种支架之下进行操作。遇特殊情况，必须切断电源。

（9）施工电梯梯笼乘人、载物时必须使荷载均匀分布，严禁超载作业。

（10）电梯调试过程中，当轿厢上行时，轿顶上的操作人员必须站好位置，停止其他工作，轿厢行驶中，严禁人员出入。

（11）雨天、雾天及6级及以上大风天气，不得进行施工电梯的安装与拆卸。安装、拆卸和维修的人员在井架上作业时，必须穿防滑鞋，系安全带，不得以投掷方法传递工具和器件，紧固或松开螺栓时，严禁双手操作，应一手扳扳手，一手握住井架杆件。

（12）挖掘机作业时，不得用铲斗吊运物料，严禁任何人乘坐铲斗上下。

（13）推土机作业前应清除推土机行走道路上的障碍物。路面应至少比机身宽2m，行驶前严禁有人站在履带或刀片的支架上，确认安全方可启动。推土机行驶中，司机和随机人员不得上下车或坐立在驾驶室以外的其他部分。行驶和转弯中应观察四周有无障碍。

（14）机动翻斗车行驶过程中，司机开车时精神要集中，不准用翻斗车载人，开车时不准吸烟、接打手机、打闹玩笑。睡眠不足和酒后严禁作业。

（15）龙门架、井架首层进料口一侧应搭设长度不小于2m的安全防护棚，另三侧必须采取封闭措施。每层卸料平台和吊笼（盘）出入口必须安装安全门，吊笼（盘）运行中不准乘人。

（16）跟随汽车、拖拉机运料的人员，车辆未停稳不得上下车。装卸材料时禁止抛掷，并应按次序码放整齐。随车运料人员不得坐在物料前方。

## 二、从脚手架上坠落事故的防范措施

（1）架子工的学徒工必须办理学习证，在技工带领、指导下操作，非架子工未经同意不得单独进行作业。

（2）进入施工现场的作业人员，必须首先参加安全教育培训，考试合格方可上岗作业，未经培训或考试不合格者，不得上岗作业。

（3）所有施工人员均应服从领导、听从指挥，特别是在脚手架上作业时，严禁酒后作业。

（4）各类脚手架材料必须符合规范要求，安全平网、立网的挂设应符合安全技术要求，验收合格前严禁上架子作业，验收使用后不准随便拆改或移动。

（5）安全网下方不得堆物品。

（6）严禁在脚手架、操作平台上坐、躺和背靠防护栏杆休息，如图6-4所示。

图 6-4  严禁在防护栏杆上休息

（7）吊篮架子升降由架子工负责，非架子工不得擅自拆改或升降。作业过程中遇有脚手架影响正常施工时，未经领导同意，严禁拆除，如图 6-5 所示。必要时由架子工负责采取加固措施后方可拆除。

图 6-5  未经同意严禁拆除脚手架

（8）脚手架上的工具、材料要分散放稳，不得超过允许荷载。

（9）阳台通廊部位抹灰，外侧必须挂设安全网。严禁踩踏脚手架的护身栏杆和阳台栏板进行操作。

（10）作业人员采用在高凳上铺脚手板辅助登高作业时，其宽度不得少于 2 块脚手板（一般为 50cm），凳与凳间距不得大于 2m，移动高凳时上面不得站人，作业人员最多不得超过 2 人，如图 6-6 所示。高度超过 2m 时，应由架子工搭设脚手架。

（11）高度 2m 以下的作业可使用人字梯，超过 2m 应按规定搭设脚手架。人字梯上搭铺脚手板，脚手板两端搭接长度不得小于 20cm。脚手板中间不得同时 2 人操作，梯子挪动时，作业人员必须下来，严禁站在梯子上踩高跷式挪动。人字梯顶部铰轴不准站人、不准铺设脚手板。

（12）玻璃工悬空高处作业必须系好安全带，严禁一手腋下夹住玻璃，另一手扶梯攀登

图 6-6　高凳上作业人员最多不得超过 2 人

上下。玻璃幕墙安装应利用外脚手架或吊篮架子从上往下逐层安装，抓拿玻璃时应用橡皮吸盘，如图 6-7 所示。

　　（13）升降吊篮时，必须同时摇动所有手扳葫芦或拉动捯链，各吊点必须同时升降，保持吊篮平衡。吊篮升降时不要碰撞建筑物，特别是阳台、窗户等部位，应有专人负责推动吊篮，防止吊篮挂碰建筑物。手扳葫芦如图 6-8 所示。

图 6-7　抓拿玻璃橡皮吸盘

图 6-8　手扳葫芦

　　（14）脚手架拆除应按由上而下按层按步的拆除程序，先拆护身栏、脚手板和横向水平杆，再依次拆剪刀撑的上部扣件和接杆，如图 6-9 所示。拆除剪刀撑、抛撑以前，必须搭设临时加固斜支撑，预防架子倾倒。

　　（15）从脚手架或操作平台坠落是高处坠落事故的常见形式之一。针对相邻两外挂脚手架操作平台之间大于 300mm 的空隙，应按临边防护要求进行防护。小于 300mm 的空隙，可覆盖盖板，盖板只固定一边，既保证盖板不滑脱，又保证盖板可以进行 180° 旋转，目的

图 6-9 脚手架拆除

是不影响外挂架子的随层提升。当外挂架子提升后，把两外挂架之间的盖板再旋转过来，盖住空隙即可。这样既能满足对两外挂架之间空隙的有效防护，又避免了多次解除和重新绑扎盖板的重复用工。

### 三、从平地坠落沟槽、基坑、井孔等事故的防范措施

（1）沟、坑、槽开挖深度超过 2m 时，必须在周边设置两道防护栏杆，立挂密目安全网，并悬挂"请勿靠近"之类的警告标志，如图 6-10 所示。

图 6-10 警告标志

（2）对工人加强安全教育，严禁在基坑、沟、槽周边逗留。

（3）施工人员上下沟、槽、坑必须设置专用行人坡道或梯子，严禁攀登沟、槽、坑的固壁支撑上下，严禁直接从沟、坑、槽边壁上挖洞攀登爬上或跳下。

（4）沟、坑、槽边及井孔附近施工作业时，夜间必须有充足的照明设施。

（5）各类井孔钻孔后，应在孔口加盖板封挡，并应根据井孔的大小设置防护栏杆，立面挂设密目安全网。

### 四、从楼面、屋顶、高台等临边坠落事故的防范措施

（1）安全网的外边沿要明显高于内边沿 50～60cm，在建工程周边也必须交圈封闭设置。

（2）安全网下方不得堆物品。

（3）20m 以上建筑施工的安全网一律用组合钢管角架挑支，用钢丝绳绷拉，其外沿要高于内口，并尽量绷直，内口要与建筑锁牢。

（4）工具式脚手架必须立挂密目安全网沿外排架子内侧进行封闭，并按标准搭设水平安全网防护。

（5）不得在刚砌好的墙上行走，如图6-11所示。

图6-11　不准在刚砌好的墙上行走

（6）屋面上瓦应两坡同时进行，保持屋面受力均衡，瓦要放稳。屋面无望板时，应铺设通道，不准在桁条、瓦条上行走。檐口应搭设防护栏杆，并立挂密目安全网。在坡度大于25°的屋面操作，应设防滑板梯，系好保险绳，穿软底防滑鞋，檐口处应按规定设安全防护栏杆，并立挂密目安全网。操作人员移动时，不得直立着在屋面上行走，严禁背向檐口边倒退。

（7）在楼面、屋顶、高台等临边作业时，必须正确使用个人安全防护用品，必须着装灵便，在高处作业时，必须系挂安全带并与已搭好的立、横杆挂牢，穿防滑鞋，如图6-12所示。

啊！脚底打滑了！

图6-12　高处作业需穿防滑鞋

（8）木工在支设独立梁模时应搭设临时操作平台，不得站在柱模上操作和在梁底模上行走和立侧模。

（9）在没有望板的轻型屋面上安装石棉瓦等，应在屋架下弦支设水平安全网。钉房檐板应站在脚手架上，严禁在屋面上探身操作。

（10）钢筋工在高处绑扎钢筋和安装钢筋骨架，必须搭设脚手架或操作平台，临边应按要求搭设防护栏杆。绑扎立柱和墙体钢筋时，不得站在钢筋骨架上或攀登骨架上下。

（11）钢筋工绑扎在建工程的圈梁、挑梁、挑檐外墙和边柱等钢筋时，应站在脚手架或操作平台上作业。无脚手架必须搭设水平安全网。悬空大梁钢筋的绑扎，必须站在满铺脚手板或操作平台上操作。

（12）油漆工在外墙、外窗、外楼梯等高处作业时，应系好安全带。安全带应高挂低用，挂在牢靠处。窗户油漆作业时，严禁站在或骑在窗栏上操作，刷封沿板或水落管时，应在脚手架或专用操作平台架上进行。

（13）防水工高处作业时，对于屋面边沿和预留孔洞，必须按"洞口、临边"防护的相关要求进行安全防护。雨、雪、霜天应待屋面干燥后施工。6级以上大风应停止室外作业。油桶必须放置平稳，下设桶垫。

### 五、从洞口坠落事故的防范措施

（1）在施工程的电梯井、采光井、螺旋式楼梯口，除必须设金属可开启式安全防护门外，还应在井口内首层并每隔 2 层且不大于 10m 固定一道水平安全网。

（2）在施工程楼梯口必须设置防护栏杆进行防护，楼梯踏步临空侧应设置临时防护栏杆。电梯井口必须设置固定栅门，栅门网格间距不应大于 15cm，同时电梯井内应每隔 10m 设一道水平安全网。

（3）边长小于 50cm 的预留洞口应用坚实的木板遮盖，盖板必须能保持四周搁置均衡，并应有防止滑脱的措施及警示标志；边长在 50～150cm 的预留洞口，必须设置钢管扣件形成的网格并用夹板严密覆盖或采用贯穿于混凝土板内的钢筋构成防护网，并用模板覆盖严密；边长大于 150cm 的洞口，除用木板固定覆盖外，还应在洞口周边设置 1.2m 高的防护栏杆，立面挂密目安全网，必要时应设置 18cm 高的挡脚板。

（4）下边沿至楼板或底面低于 80cm 的窗台等竖向洞口，如侧面落差大于 2m 时，应加设 1.2m 高的防护栏杆。

（5）现场通道附近的各种洞口与坑槽等处，除设置防护设施与安全标志外，夜间还应设置红灯示警。

（6）井架、施工电梯等各楼层运料平台通道口，应设置安全防护门，并做到定型化、工具化。

（7）垃圾井道或烟道应随楼层砌筑或安装而消除洞口，或参照预留洞口做好防护措施；管道井施工时，除做好防护措施外，还应加设明显的警示标志，如有临时拆移，应经施工管理人员同意，工作完毕后必须按要求恢复防护设施。

（8）对邻近的人与物有坠落危险性的其他竖向孔、洞口，应予以盖板或加以防护，并有防止滑脱的固定措施。

（9）位于车辆行驶道旁边的洞口、深沟与管道坑、槽等处，在其上面所加的防护盖板两侧，必须有防止被任意拖动的措施，其材质必须能够承受不小于当地卡车后轮额定有效承载力 2 倍的荷载。

### 六、滑跌、踩空、拖带、碰撞引起坠落事故的防范措施

（1）严禁在脚手架、操作平台上坐、躺和背靠防护栏杆休息。

（2）脚手板铺设于架子的作业层上，必须满铺、铺严、铺稳，不得有探头板和飞跳板。脚手板可对头或搭接铺设，如图 6-13 所示。对头铺脚手板，搭接处必须是双横向水平杆，且两根间隙 200～250mm，有门窗口的地方应设吊杆和支柱，吊杆间距超过 1.5m 时，必须增加支柱。搭接铺脚手板时，两块板端头的搭接长度应不小于 200mm，如有不平之处要用木块垫在纵、横水平杆相交处，并应有固定措施，不得用碎砖块塞垫。

（3）脚手架的横向水平杆间距不得大于 1m。脚手板铺对头板，板端底下设双横向水平杆，板铺严、铺牢。脚手板搭接铺设时，端头必须压过横向水平杆 150mm。

（4）坡道（斜道）脚手架的运料坡道宽度不得小于 1.5m，坡度以 1∶6（高∶长）为宜。人行坡道，宽度不得小于 1m，坡度不得大于 1∶3.5。

（5）坡道（斜道）脚手板应铺严、铺牢。对头搭接时板端部分应用双横向水平杆。搭接板的板端应搭过横向水平杆 200mm，并用三角木填顺板头凸棱。斜坡坡道的脚手板应钉防滑条，防滑条厚度 30mm，间距不得大于 300mm。

| 对头铺设 | 搭接铺设 |

图 6-13　脚手板铺设

（6）坡道及平台必须绑两道护身栏杆和 180mm 高度的挡脚板。之字坡道的转弯处应搭设平台，平台面积应根据施工需要，但宽度不得小于 1.5m。平台应绑剪刀撑或八字撑。

（7）挖扩桩孔作业后，下班（完工）离开前必须将孔口盖严、盖牢，或采取其他防止人员坠落的措施。

（8）槽、坑、沟必须设置人员上下坡道或安全梯。坡道和安全梯应保持清洁，人员上下时应注意防止滑倒。间歇时，不得在槽、坑坡脚下休息。

（9）混凝土工浇灌高度 2m 以上的框架梁、柱混凝土应搭设操作平台，不得站在模板或支撑上操作。不得直接在钢筋上踩踏、行走。

（10）使用覆盖物养护混凝土时，预留孔洞必须按规定设牢固盖板或围栏，并设安全标志。用软管浇水养护时，应将水管接头连接牢固，移动皮管不得猛拽，不得倒行拉移皮管。蒸汽养护、操作和冬施测温人员，不得在混凝土养护坑（池）边沿站立和行走。应注意脚下孔洞与磕绊物等。

（11）屋面上瓦施工操作过程中，屋面无望板时，应铺设通道，不准在桁条、瓦条上行走。

（12）阳台通廊部位抹灰，外侧必须挂设安全网。严禁踩踏脚手架的护身栏杆和阳台栏板进行操作。

（13）弯曲好的钢筋应堆放整齐，如图 6-14 所示，弯钩不得朝上。

图 6-14　弯曲好的钢筋堆放

（14）起重吊装作业过程中，操作人员进行穿绳、挂钩、试吊、摘钩、抽绳等操作时，必须与吊运物保持一定的安全距离，防止被吊运物或吊绳等拖带、碰撞等引起高处坠落事故。

（15）电焊工施工时，焊接电缆应绑紧在固定处，严禁绕在身上或搭在背上作业。

（16）模板工程操作人员登高必须走人行梯道，严禁利用模板支撑攀登上下，不得在墙顶、独立梁及其他高处狭窄而无防护的模板面上行走，如图 6-15 所示。

图 6-15　不得在高处狭窄而无防护的模板面上行走

## 七、物件反弹造成物体打击事故的防范措施

（1）打锤人不得戴手套操作。锤顶应平整，锤头应安装牢固。

（2）使用钳子进行人工切断圆盘钢筋操作时，应踩住被切断的钢筋两端，防止钢筋反弹造成人员伤害。

（3）使用卷扬机进行钢筋调直（图 6-16）时，应设机棚及防反弹措施，拉伸时应注意钢筋延伸率，把握拉伸力度，防止钢筋被拉断反弹造成人员伤害。

图 6-16　使用卷扬机进行钢筋调直

（4）应在卷扬机冷拉钢筋场地两端地锚外侧设置警戒区，设置防护栏杆及警告标志，无关人员禁止入内，操作人员作业时必须离开钢筋 2m 以外。

（5）预应力钢筋先张法张拉台座两端必须设置防护墙，沿台座外侧纵向每隔 2～3m 设一个防护架，张拉时，台座两端禁止有人，任何人不得进入张拉区域。预应力钢筋先张法张拉时，不得手摸或脚踩钢筋，禁止敲击钢筋或调整施力装置。

（6）预应力钢筋后张法作业前，必须在张拉端设置 5cm 厚的防护木板，张拉完成后，应及时灌浆、封锚；张拉时千斤顶行程不得超过安全技术要求的规定值。

（7）吊装作业抽绳时，吊钩应与吊物重心保持垂直，缓慢起绳，不得斜拉、强拉，不得旋转吊臂抽绳。如遇吊绳被压，应立即停止抽绳，可采取提头试吊法抽绳。吊运易损、易滚、易倒的吊物不得使用起重机抽绳；抽绳时信号指挥及挂钩人员应站在安全区域，防止吊绳抽出时反弹伤人。

（8）吊运材料或其他物件时，吊点应准确，防止吊运物摇摆撞击建筑物及人员或导致吊物散落伤人。

（9）木工刨旧料时必须先将铁钉、泥沙等清除干净。遇节疤、戗槎时应减慢送料速度，严禁手按节疤送料。

### 八、空中落物造成物体打击事故的防范措施

（1）操作人员应进行安全培训，进入施工现场不得违章操作。

（2）人工挖孔桩施工时，挖出的土方应随出随运，暂不运走的，应堆放在孔口边 1m 以外，高度不得超过 1m，特殊土质应按技术要求确定堆放距离。

（3）运长料不得高出吊盘（笼），必须采取防滑落措施。

（4）使用手推车往基坑运送混凝土等物料时，应设挡掩，禁止撒把倒料。

（5）站在操作架子上进行砌筑施工时，禁止向外侧斩砖，应把砖头斩在架子上，挂线用的坠物必须绑扎牢固。

（6）在同一垂直面上下交叉作业时，必须设置安全隔离层，并保证防砸措施有效。

（7）用起重机吊运砖时，当采用砖笼往楼板上放砖，砖笼要均匀分布，并必须预先在楼板底下加设支柱及横木承载。砖笼严禁直接吊放在脚手架上。

（8）安装时要稳拿稳放，待灌浆凝固稳定后，方可拆除临时支撑。废料、边角料严禁随意抛掷。

（9）瓷砖墙面作业时，瓷砖碎片不得向窗外抛扔，如图 6-17 所示。剔凿作业应戴防护镜。

图 6-17　瓷砖碎片不得向窗外抛扔

（10）基础及地下工程模板安装，必须检查基坑土壁边坡的稳定状况，基坑上口边沿1m以内不得堆放模板及材料。向槽（坑）内运送模板构件时，严禁抛掷。使用溜槽或起重机械运送，下方操作人员必须远离危险区域。

（11）拆模作业时，必须设置警戒区，严禁其他人入内，如图6-18所示。

图6-18 拆模作业设警戒区

（12）地下室做外墙防水施工时，应避免与上方其他工种垂直交叉作业，或采取有效的防砸措施。

（13）高处作业人员所使用的工具必须放进工具袋或采取防坠落措施，严禁到处乱放，如图6-19所示。

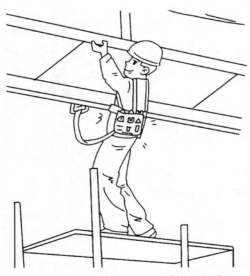

图6-19 使用的工具必须放进工具袋

（14）高处作业临时使用的材料必须放置整齐稳固，且放置位置安全可靠，所有有坠落可能的物件，应先行撤除或加以固定，如图6-20所示。

（15）高处作业上下传递物体禁止抛掷，如图6-21所示，拆除施工时应设置溜放槽以便散碎废料顺槽溜下，楼层内清运垃圾必须从垃圾溜放槽溜下或采取容器运下，禁止从窗口等处抛扔。

图 6-20　高处作业临时使用的材料必须放置整齐稳固

图 6-21　严禁向下抛掷

（16）施工现场临边、临空及所有可能导致物件坠落的洞口都应采取防护措施。

（17）操作人员进入高空作业、起重作业、打桩作业等有物体坠落危险的施工现场，必须按要求正确使用安全防护用品。

（18）各种材料、构件、设备的堆放要整齐稳定，不得超高。

（19）垂直运输所吊运的各种材料应采取捆扎措施，易散物件应放进专用容器内进行吊运。

（20）所采用的索具应符合安全规范的技术要求。

（21）起吊重物时，不得提升悬挂不稳的重物，严禁在提升的物体上附加重物，起吊零散物料或异型构件时必须用容器集装或钢丝绳捆绑牢固，应先将重物吊离地面约 50cm，停住，确定制动、物料绑扎和吊索具是否正常，确认无误后方可指挥起升。

（22）脚手架外侧挂设密目安全网，安全网间距应严密，外脚手架施工层应设 1.2m 高的防护栏杆，并设挡脚板；拆卸下的物体及余料不得任意堆置或向下丢弃。

（23）钢模板、脚手架等拆除时，下方不得有其他操作人员，应设隔离区，并设专人巡查现场，禁止无关人员进入作业现场。

（24）首层水平安全网搭设方法如图 6-22 所示。安全网下方不得堆物品。并在首层按要求搭设护头棚，工人进出施工现场应设行人通道。

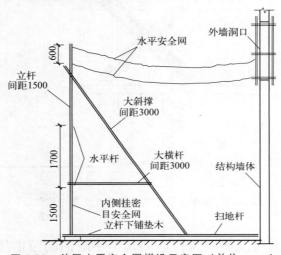

图 6-22　首层水平安全网搭设示意图（单位：mm）

（25）安全网的外边沿要明显高于内边沿 50～60cm。搭设施工时通常采用钢管夹杠和转角抱角架的形式，如图 6-23、图 6-24 所示。

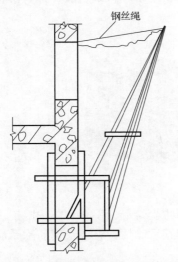

图 6-23　钢管夹杠挑杆搭设示意图

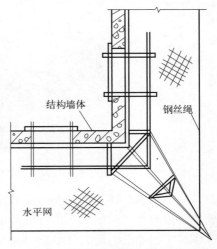

图 6-24　转角抱角架挑杆搭设示意图

（26）起重机械吊运材料时，信号指挥、挂钩人员禁止站在吊运物件的正下方，应与吊运物件保持安全距离。

（27）玻璃工安装窗扇玻璃时，严禁上下垂直交叉同时作业，如图6-25所示。安装天窗及高层房屋玻璃时，作业下方严禁走人或停留。碎玻璃不得向下抛掷。

图 6-25　玻璃安装严禁上下垂直交叉同时作业

## 九、各种碎屑、碎片飞溅对人体造成伤害事故的防范措施

（1）进入施工现场的人员必须正确戴好安全帽，系好下颌带；按照作业要求正确穿戴个人防护用品，主要包括头部防护、面部防护、眼部防护、听力防护、呼吸防护、身体防护、手部防护、足部防护等，常用的用品有安全帽、手套、安全带、口罩、防护鞋、防护服、防护眼镜、眼罩等，防护鞋如图6-26所示。

图 6-26　防护鞋

（2）使用钢筋除锈机的操作人员必须束紧袖口，戴防尘口罩、手套和防护眼镜。严禁将弯钩成型的钢筋上机除锈，弯度过大的钢筋宜在基本调直后除锈。整根长钢筋除锈应由两人配合操作，互相照应。防尘口罩如图6-27所示。

（3）外墙剔凿时应有防止剔除物坠落伤人的措施。

（4）木工使用平刨刨旧料时必须先将铁钉、泥沙等清除干净。遇节疤、戗槎时应减慢送料速度，严禁手按节疤送料。

（5）处理输送混凝土泵管道堵塞问题时，应疏散周围的人员。拆卸管道清洗前应采取反抽方法，清除输送管道内的压力，拆卸时严禁管口对人。输送混凝土部分安全要求如图 6-28 所示。

（6）遇 4 级以上强风，停止筛灰。

（7）设备安装施工进行剔凿、打洞时，必须戴防护眼镜，锤子柄不得松动。錾子不得卷边、有裂纹。打过墙、楼板透眼时，墙体后面、楼板下面不得有人靠近。

（8）混凝土喷射机运行过程中，喷嘴前及左右 5m 范围内不得有人，作业间歇时，喷嘴不得对人。输料管发生堵塞时，排除故障前必须停机。

图 6-27　防尘口罩

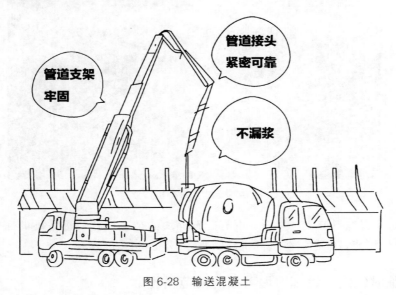

图 6-28　输送混凝土

## 十、材料、器具等硬物对人体造成碰撞事故的防范措施

（1）传砖时应整砖和半砖分开传递，严禁抛掷传递。

（2）必须待挖掘机停止作业后，方准进入铲斗回转半径范围内清土。

（3）跟随汽车、拖拉机运料的人员，车辆未停稳不得上下车。装卸材料时禁止抛掷，并应按次序码放整齐。随车运料人员不得坐在物料前方。

（4）使用手推车装运物料，必须平稳，掌握重心，不得猛跑或撒把溜车；前后车距平地不得小于 2m，上下坡时不得小于 10m。

（5）用铁锤剔凿混凝土、石块（料）时，必须先检查铁锤有无破裂，锤顶应平整，锤柄应用弹性的木杆制成，锤柄与锤头必须安装牢固。钎子应直且不得有飞刺。打锤人不得戴手套。

（6）严禁在钢筋弯曲机的作业半径内和机身不设固定销的一侧站人，弯曲好的钢筋应堆放整齐，弯钩不得朝上。

（7）除指挥及挂钩人员外，严禁其他人员进入吊装作业区。

（8）严禁用起重机直接吊除没有撬松动的模板，吊运大型整体模板时必须拴结牢固，且吊点平衡，吊装、运大型钢模时必须用卡环连接，就位后必须拉接牢固方可卸除吊环。

（9）吊挂作业时兜绳吊挂应保持吊点位置准确、兜绳不偏移、吊物平衡；锁绳吊挂应便于摘绳操作；卡具吊挂时应避免卡具在吊装中被碰撞；扁担吊挂时，吊点应对称于吊物中心。

（10）构件及设备吊装作业前应检查被吊物、场地、作业空间等，确认安全后方可作业，作业时应缓起、缓转、缓移，并用控制绳保持吊物平稳，防止吊物摇晃撞击建筑物或造成人员伤害。

（11）操作蛙式打夯机者应先根据现场情况和工作要求确定行夯路线，操作时按行夯路线随夯机直线行走，如图 6-29 所示。严禁强行推进、后拉、按压手柄、强行猛拐弯或撒把不扶任夯机自由行走。蛙式打夯机作业前方 2m 内不得有人。

图 6-29　蛙式打夯机作业

（12）夯机不得夯打冻土、坚石、混有砖石碎块的杂土以及一边偏硬的回填土。在边坡作业时应注意保持夯机平稳，防止夯机翻倒坠夯。

## 十一、临时建筑、设施坍塌事故的防范措施

（1）施工现场临时建筑虽然属于暂设，但不应有"临时"便可大意的观点，应结合施工现场实际情况，由技术人员专门设计，合理布局，使用过程中应加强安全管理。

（2）现场围墙、职工宿舍、办公室等所采用的材料应为合格产品，其设计或布局可参照图 6-30～图 6-32 所示。现场区域应做好基础处理，并有相应的排水措施。

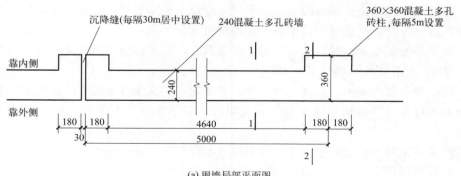

(a) 围墙局部平面图

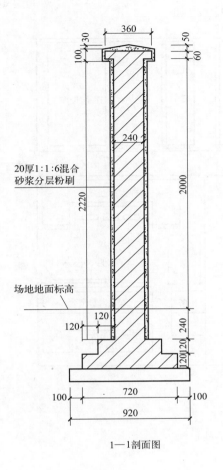
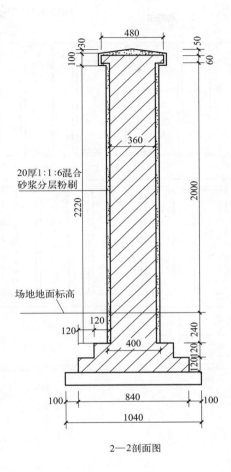

1—1剖面图　　　　　　　　　　　　　　2—2剖面图

(b) 围墙剖面图

(c) 围墙三维图

图 6-30　现场围墙（单位：mm）

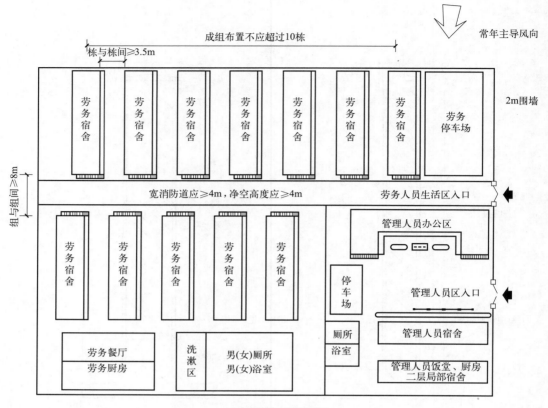

常年主导风向

成组布置不应超过10栋

栋与栋间≥3.5m

2m围墙

| 劳务宿舍 | 劳务宿舍 | 劳务宿舍 | 劳务宿舍 | 劳务宿舍 | 劳务宿舍 | 劳务宿舍 | 劳务停车场 |

宽消防道应≥4m，净空高度应≥4m

劳务人员生活区入口

组与组间≥8m

管理人员办公区

| 劳务宿舍 | 劳务宿舍 | 劳务宿舍 | 劳务宿舍 | 劳务宿舍 |

停车场

管理人员区入口

| 劳务餐厅 | 洗漱区 | 男(女)厕所 |
| 劳务厨房 | | 男(女)浴室 |

厕所 浴室

管理人员宿舍

管理人员饭堂、厨房
二层局部宿舍

(a) 职工宿舍平面布置图

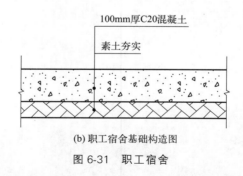

100mm厚C20混凝土

素土夯实

(b) 职工宿舍基础构造图

图 6-31　职工宿舍

（3）各种临时操作工棚的搭设，所采用的材料及结构架体构造应符合安全要求，安装立柱、板墙和屋架（梁）时必须做好临时支撑，连接件应齐全，连接螺栓应牢固，还应做好防砸措施。

（4）现场临时设施与施工道路保持安全距离，避免车辆碰撞。

（5）临时建筑不得设在有冻土或不稳定的滑坡上。

（6）临时建筑与在施工程开挖基槽之间至少应保持 20m 的安全距离，并应在施工过程中搭设防砸棚或采取其他防砸措施。

（7）拟开挖的基槽、坑、沟与临时建筑物、构筑物的距离不得小于 1.5m。

（8）严禁在脚手架底部、构筑物近旁进行影响基础稳定性的开挖沟槽（坑）作业。

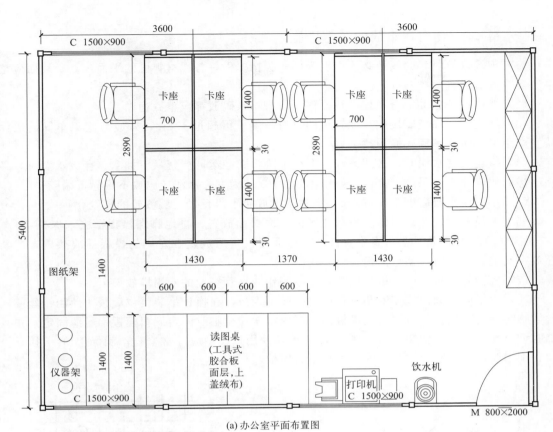

(a) 办公室平面布置图

(b) 办公室效果图

图 6-32 办公室 (单位：mm)

### 十二、堆置物坍塌事故的防范措施

（1）现场堆放材料的场地必须根据现场实际情况做好各类材料区的平面规划，地面应整平夯实，并做好排水措施。

（2）严格按照相关安全规程进行操作，所有材料码放都应整齐稳固。

（3）红机砖、加气砌块或其他砌块的码放高度不得超过1.8m，并应与施工车辆通道保持安全距离，防止车辆碰撞导致倒塌。

（4）搬运袋装水泥时，必须逐层从上往下阶梯式搬运，严禁从下抽拿。存放水泥时，必须压槎码放，并不得码放过高，一般以不超过10袋为宜。水泥袋码放不得靠近墙壁。

（5）小钢模码放高度不超过1m，脚手架上放砖不得超过三层侧砖的高度。

（6）大模板存放在封闭的模板存放区内，面对面放置，将地脚螺栓提上去，保持70°~80°的自稳角度。模板下方应垫铺通长木方。无腿模板应放置在专用的模板插放架内，严禁靠放在其他大模板或不稳定的建筑物、构筑物上。

（7）各种外墙板、内墙板应堆放在型钢制作或钢管搭设的专用堆放架内。

（8）为了防止大模板在安装过程中发生倾翻事故，在模板吊装就位后禁止使用铅丝或钢丝做临时固定，应设置专用的大模板钢丝绳固定索扣做临时固定。大模板钢丝绳固定索扣及临时钢丝绳固定位置如图6-33、图6-34所示，使用过程中应经常检查，确保U形卡扣不松动、不滑脱，禁止利用钢丝绳固定索扣吊运模板。

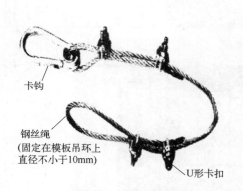

图 6-33　大模板钢丝绳固定索扣

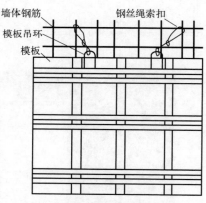

图 6-34　临时钢丝绳固定位置

### 十三、基坑、基槽、井孔壁等土方坍塌事故的防范措施

（1）大型土方和开挖较深的基坑工程，施工前要认真研究整个施工区域和施工场地内的工程地质和水文资料、邻近建筑物或构筑物的质量和分布状况、挖土和弃土要求、施工环境及气候条件等，编制专项施工组织设计或施工方案，制订有针对性的安全技术措施，并对作业人员进行安全教育，严禁盲目施工。

（2）槽、坑、沟必须设置人员上下坡道或安全梯。作业间歇时，不得在槽、坑坡脚下休息。

（3）槽、坑、沟边1m以内不得堆土、堆料、停置机具，槽、坑、沟边堆土高度不得超过1.5m。槽、坑、沟与建筑物、构筑物的距离不得小于1.5m。

（4）严禁掏洞挖土，搜底挖槽。

（5）当挖土深度超过 5m 或发现有地下水以及土质发生特殊变化等情况时，应先停止挖土作业，由技术人员根据土的实际性能计算其稳定性，再确定边坡坡度。

（6）在饱和黏性土、粉土的施工现场不得边打桩边开挖基坑，应待桩全部打完并间歇一段时间后再开挖，以免影响边坡或基坑的稳定性，并应防止开挖基坑可能引起的基坑内外的桩产生过大位移、倾斜或断裂。

（7）山区施工，应事先了解当地地形地貌、地质构造、地层岩性、水文地质等，如因土石方施工可能产生滑坡时，应采取可靠的安全技术措施。在陡峻山坡脚下施工，应事先检查山坡坡面情况，如有危岩、孤石、崩塌体、古滑坡体等不稳定迹象时，应妥善处理后，才能施工。

（8）基坑开挖应严格按要求放坡，操作时应随时注意边坡的稳定情况，如发现有裂纹或部分塌落现象，要及时进行支撑或改缓放坡，并注意支撑的稳固和边坡的变化。挖土要自上而下，逐层进行，严禁先挖坡脚的危险作业。

（9）在密集群桩上开挖基坑时，应在打桩完成后间隔一段时间，再对称挖土，邻近四周不得有震动作用。挖土宜分层进行，并应注意基坑土体的稳定，加强土体变形监测，防止由于挖土过快或边坡过陡，使基坑卸载过速、土体失稳等，从而引起桩身上浮、倾斜、位移、断裂等事故。

（10）深基坑或雨期施工的浅基坑的边坡开挖以后，必须随即采取护坡措施，以免边坡坍塌或滑移。护坡方法视土质条件、施工季节、工期长短等情况，可采用塑料布和聚丙烯编织物等不透水薄膜加以覆盖、砂袋护坡、碎石铺砌、喷抹水泥砂浆、钢丝网水泥浆抹面等，并应防止地表水或渗漏水冲刷边坡。

## 十四、脚手架、井架坍塌事故的防范措施

（1）脚手架的搭设、拆除施工，必须由经专业安全技术培训、考试合格、持特种作业操作证的架子工按照专项安全技术方案的具体要求来完成。脚手架钢管、扣件、脚手板等材料必须符合规范要求。脚手架未经验收合格严禁上架子作业。

（2）结构承重的单、双排脚手架立杆间距、水平杆步距等应满足设计要求，立杆应纵成线、横成方，垂直偏差不得大于架高 1/2000。立杆接长应使用对接扣件连接，相邻的两根立杆接头应错开 500mm，不得在同一步架内。立杆下脚应设纵、横向扫地杆。

（3）结构承重的单、双排脚手架架高 20m 以上时，从两端每 7 根立杆（一组）从下到上设连续式的剪刀撑，架高 20m 以下可设间断式剪刀撑（斜支撑），即从架子两端转角处开始，每 7 根立杆为一组，从下到上连续设置。剪刀撑钢管接长应用两只旋转扣件搭接，接头长度不小于 500mm，剪刀撑与地面夹角为 45°～60°，如图 6-35 所示。剪刀撑每节两端应用

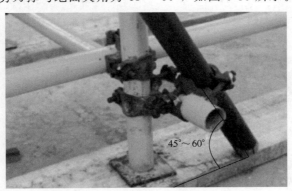

图 6-35 剪刀撑与地面夹角

旋转扣件与立杆或横向水平杆扣牢。脚手架与在建建筑物之间必须按设计要求设置拉接措施，拉接材料及拉接点的布置等应符合设计要求。

（4）插口式脚手架允许负荷最大不得超过 $1176N/m^2$ 或 $120kg/m^2$，脚手架上严禁堆放物料，严禁人员集中逗留。插口架与结构连接的穿墙螺栓端部螺纹应采用梯形螺纹，用双螺母锁牢。现浇钢筋混凝土墙体混凝土强度达到70％以上时方可安装插口架。

（5）吊篮搭设构造必须遵照专项安全施工组织设计或施工方案规定，组装或拆除时，应3人配合操作，严格按搭设程序作业，不允许随意改变方案。吊篮的负载不得超过 $1176N/m^2$ 或 $120kg/m^2$，吊篮上的作业人员和材料要对称分布，不得集中在一头，应保持吊篮负载平衡。

（6）门式脚手架搭设前必须对门架、配件、加固件按规范进行检查验收，不合格的严禁使用。脚手架搭设场地应进行清理，平整夯实，并做好排水。地基基础施工应按门架专项安全施工组织设计或施工方案和安全技术措施进行。地基基础上应先弹出门架立杆位置线，垫板、底座安放位置应准确。不配套的门架与配件不得混合使用于同一脚手架。门架安装应自一端向另一端延伸，不得相对进行。搭完一步后，应检查、调整其水平度与垂直度。连墙件的搭设必须随脚手架搭设同步进行，严禁滞后设置或搭设完毕后补做。当脚手架作业层高出相邻连墙件已两步时，应采取确保稳定的临时拉结措施，直到连墙件搭设完毕后，方可拆除。

（7）外电架空线路安全防护架应使用剥皮杉木、落叶松等作为杆件，腐朽、折裂、枯节等易折木杆和易导电材料不得使用。架设立杆应先挖杆坑，深度不小于500mm，遇土质松软，应设扫地杆。纵向水平杆应搭设在立杆里侧，搭设第一步纵向水平杆时，必须检查立杆是否立正，搭设至四步时，必须搭设临时抛撑和临时剪刀撑。两杆连接，其有效搭接长度不得小于1.5m，两杆搭接处绑扎不少于3道。杉木大头必须绑在十字交叉点上。相邻两杆的搭接点必须相互错开，水平及斜向接杆，小头应压在大头上边。

（8）龙门架及井架的搭设和使用必须符合行业标准《龙门架及井架物料提升机安全技术规范》（JGJ 88—2010）规定要求，所采用的钢管、扣件等也必须符合规范要求。立杆和纵向水平杆的间距均不得大于1m，立杆底端应安放铁板墩，夯实后垫板。井架四周外侧均应搭设剪刀撑一直到顶，剪刀撑斜杆与地面夹角为60°。架高在10～15m应设1组缆风绳，每增高10m加设1组，每组4根，缆风绳应用直径不小于12.5mm钢丝绳，按规定埋设地锚，缆风绳严禁捆绑在树木、电线杆、构件等物体上，并禁止使用别杠调节钢丝绳长度。

（9）组装三角柱式龙门架，每节立柱两端焊法兰盘。拼装三角柱架时，必须检查各部件焊口是否牢固，各节点螺栓必须拧紧。两根三角立柱应连接在地梁上，地梁底部要有锚铁并埋入地下防止滑动，埋地梁时地基要平整并应夯实。

## 第三节　建设工程安全事故现场急救

### 一、现场急救的一般步骤

（1）当出现事故后，应迅速让伤者脱离危险区。若是触电事故，必须先切断电源，如图6-36所示；若为机械设备事故，必须先停止机械设备运转。

（2）初步检查伤员，判断其神志、呼吸是否有问题，根据情况采取有效的止血、防休克、包扎伤口、固定、预防感染、止痛等措施，保存好断离的器官或组织。

（3）施救的同时请人呼叫救护车，并继续施救，直到救护人员到达现场接替为止。

（4）迅速上报上级有关领导和部门，以便采取更有效的救护措施。

施工现场急救的基本程序如图 6-37 所示。

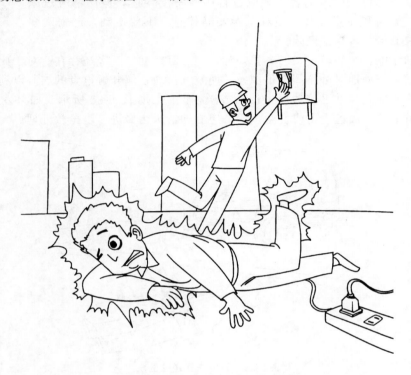

图 6-36 触电事故必须先切断电源

图 6-37 施工现场急救的基本程序

## 二、触电者的处理方法

（1）假如触电者伤势不重，神志清醒，未失去知觉，但有些内心惊慌，四肢发麻，全身无力，或触电者在触电过程中曾一度昏迷，但已清醒过来，则应保持空气流通和注意保暖，使触电者安静休息，不要走动，严密观察，并请医生前来诊治或者送往医院。

（2）假如触电者伤势较重，已失去知觉，但心脏跳动、呼吸还存在。对于此种情况，应使触电者舒适、安静地平卧；周围不围人，使空气流通；解开触电者的衣服以利呼吸，如天气寒冷，要注意保温，并迅速请医生诊治或送往医院，如图6-38所示。如果发现触电者呼吸困难，严重缺氧，面色发白或发生痉挛，应立即请医生做进一步抢救处理。

图6-38　触电伤员送往医院

（3）假如触电者伤势严重，呼吸停止或心脏跳动停止，或二者都已停止，仍不可以认为已经死亡，应立即施行人工呼吸或胸外心脏按压，并迅速请医生诊治或送医院。

（4）如果触电者受外伤，可先用无菌生理盐水和温开水洗伤，再用干净绷带或布类包扎，然后送医院处理。如伤口出血，则应设法止血，其通常方法是将出血肢体高高举起或用干净纱布扎紧止血等，同时请医生做处理。

## 三、人工呼吸急救方法

人工呼吸法是在触电者停止呼吸后应用的急救方法。

施行人工呼吸前，应迅速将触电者身上妨碍呼吸的衣领、上衣、裤带等解开，使胸部能自由扩张，并迅速取出触电者口腔内妨碍呼吸的异物，以免堵塞呼吸道。

人工呼吸应持续4～6h，直至病人清醒或出现尸斑为止，不要轻易放弃抢救，同时应尽快请医生到场抢救。

以下介绍几种常用的人工呼吸方法。

（1）俯卧压背人工呼吸法操作步骤如图6-39所示。

（2）仰卧举臂压胸人工呼吸法操作步骤如图6-40所示。

（3）口对口人工呼吸法操作步骤如图6-41所示。做口对口人工呼吸时，应使触电者仰卧，并使其头部充分后仰，使鼻孔朝上，如舌根下陷，应把舌根拉出来，以利呼吸道畅通。

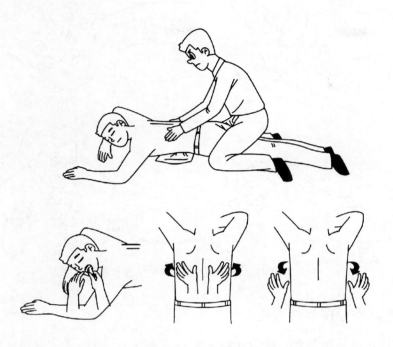

图 6-39　俯卧压背人工呼吸法操作步骤

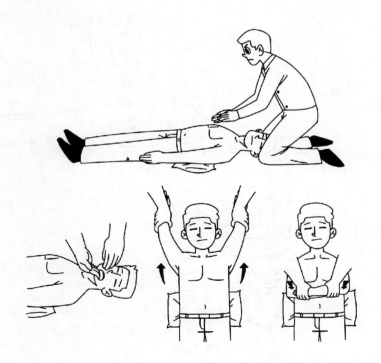

图 6-40　仰卧举臂压胸人工呼吸法操作步骤

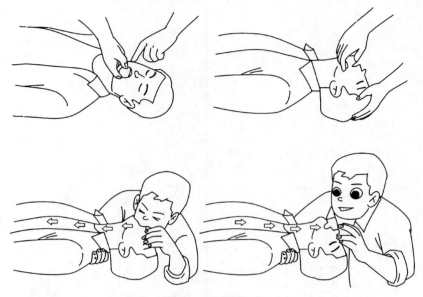

图 6-41　口对口人工呼吸法操作步骤

## 四、胸外心脏按压急救方法

胸外心脏按压法是触电者心脏跳动停止后的急救方法，常与人工呼吸法配合使用，如图 6-42 所示。

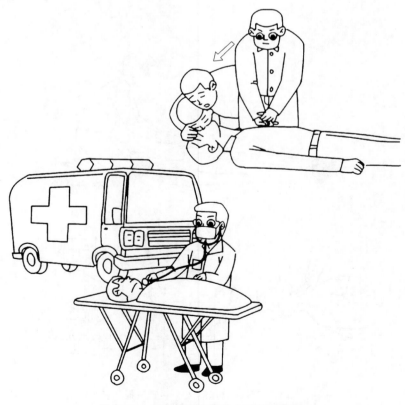

图 6-42　人工呼吸和胸外心脏按压急救

做胸外心脏按压时，应使触电者仰卧在比较坚实的地方，在触电者胸骨中段叩击1～2次，如无反应再进行胸外心脏按压。

胸外心脏按压应持续4～6h，直至病人清醒或出现尸斑为止，不要轻易放弃抢救，同时应尽快请医生到场抢救。

胸外心脏按压法操作步骤如图6-43所示。

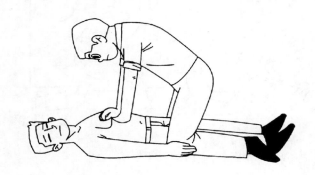

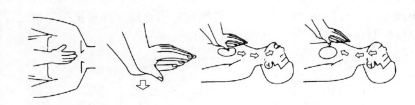

图6-43 胸外心脏按压法操作步骤

### 五、火灾急救的处理方法

（1）施工现场发生火灾事故时，应立即了解起火部位、燃烧的物质等基本情况，拨打"119"向消防部门报警，同时组织撤离和扑救。

（2）在消防部门到达前，应对易燃易爆的物质采取正确有效的隔离。如切断电源，撤离火场内的人员和周围易燃易爆物及贵重物品，根据火场情况，灵活选择灭火器具。

（3）救火人员应注意自我保护，使用灭火器材救火时应站在上风位置，以防因烈火、浓烟熏烤而受到伤害。

（4）必须穿越浓烟逃走时，应尽量用浸湿的衣物披裹身体，用湿毛巾或湿布捂住口鼻，或贴近地面爬行，如图6-44所示。身上着火时，可就地打滚或用厚重衣物覆盖压灭火苗。

（5）大火封门无法逃生时，可用浸湿的被褥衣物等堵塞门缝，泼水降温，呼救待援。

（6）在扑救的同时要注意周围情况，防止中毒、坍塌、坠落、触电、物体打击等二次事故的发生。

（7）在灭火后，应保护火灾现场，以便事后调查起火原因。

图 6-44　必须穿越浓烟时的逃生方法

## 六、现场救治烧伤人员的处理方法

（1）伤员身上燃烧着的衣服一时难以脱下时，可让伤员躺在地上滚动或洒水扑灭火焰。如附近有河沟或水池，可让伤员跳入水中。如肢体被明火烧伤则可把肢体直接浸入冷水中灭火和降温，以保护身体组织免受灼烧的伤害，如图 6-45 所示。

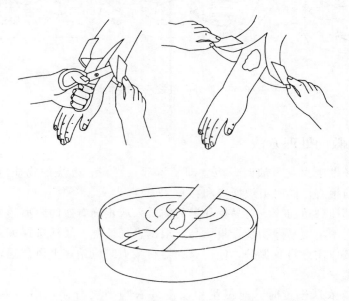

图 6-45　肢体被明火烧伤时可浸冷水降温

（2）用清洁纱布覆盖烧伤面做简单包扎，避免创面污染。

（3）伤员口渴时可适量饮水或含盐饮料。

（4）经现场处理后的伤员要迅速转送医院救治，转送过程中要注意观察其呼吸、脉搏、血压等的变化。

### 七、给伤员止血的处理方法

（1）当肢体受伤轻度出血时，可先抬高伤肢，然后用消毒纱布或棉垫覆盖在伤口表面，在现场可用清洁的手帕、毛巾或其他棉织品代替，再用绷带或布条加压包扎止血。

（2）当肢体动脉创伤出血时，一般的止血包扎达不到理想的止血效果。这时，就先抬高肢体，使静脉血充分回流，然后在创伤部位的近心端放上弹性止血带，在止血带与皮肤间垫上消毒纱布或棉垫，以免扎紧止血带时损伤局部皮肤。止血带要加压扎紧到切实将该处动脉压闭。同时记录上止血带的具体时间，争取在上止血带后 2h 以内尽快将伤员转送到医院救治。要注意不宜过长时间地使用止血带，否则肢体会因严重缺血而坏死。

（3）施工现场止血带止血法的步骤如图 6-46 所示。

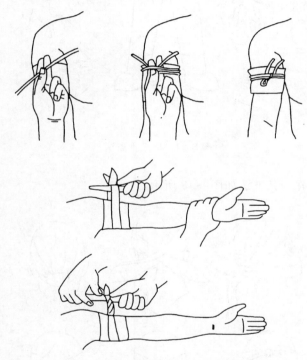

图 6-46 施工现场止血带止血法的步骤

（4）指压止血法如图 6-47 所示。

### 八、给伤员包扎、固定的处理方法

（1）创伤处用消毒的敷料或清洁的医用纱布覆盖，再用绷带或布条包扎，既可以保护创口预防感染，又可减少出血，帮助止血。

（2）在肢体骨折时，可借助绷带包扎夹板来固定受伤部位上下两个关节，以减少损伤、减少疼痛、预防休克。

（3）在房屋倒塌、陷落事故中，一般受伤人员均表现为肢体受压。在解除肢体压迫后，应马上用弹性绷带绑绕伤肢，以免发生组织肿胀。这种情况下的伤肢就不应抬高，不应局部按摩，不应施行热敷，不应继续活动。

（4）给伤员包扎、固定的处理方法介绍如下。

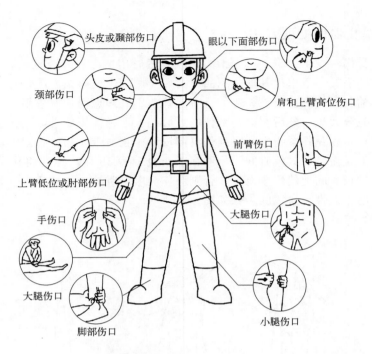

图 6-47　指压止血法

① 绷带三角巾包扎，其方法如图 6-48 所示。

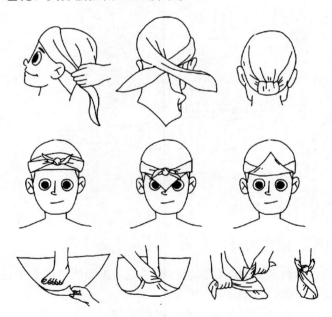

图 6-48　绷带三角巾包扎

② 绷带环形包扎，其方法如图 6-49 所示。

③ 绷带螺旋包扎，其方法如图 6-50 所示。

④ 绷带八字形包扎，其方法如图 6-51 所示。

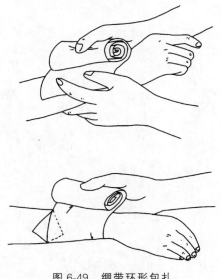

图 6-49　绷带环形包扎

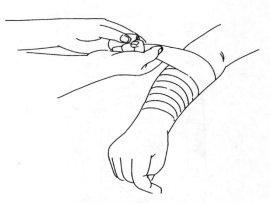

图 6-50　绷带螺旋包扎

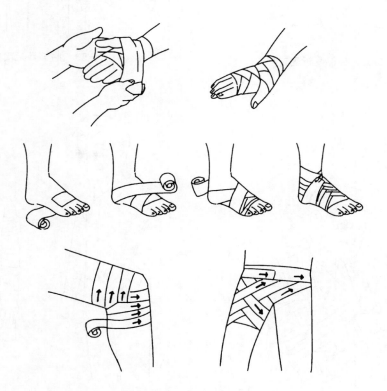

图 6-51　绷带八字形包扎

⑤ 头部骨折固定，其方法如图 6-52 所示。

⑥ 胸部骨折固定，其方法如图 6-53 所示。

⑦ 肱骨骨折固定，其方法如图 6-54 所示。

⑧ 肘关节骨折固定，其方法如图 6-55 所示。

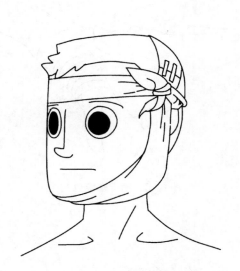

图 6-52　头部骨折固定

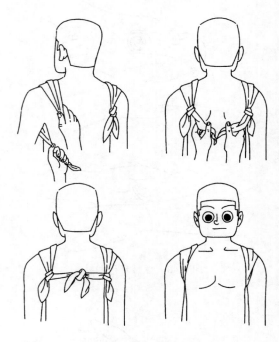

图 6-53　胸部骨折固定

图 6-54　肱骨骨折固定

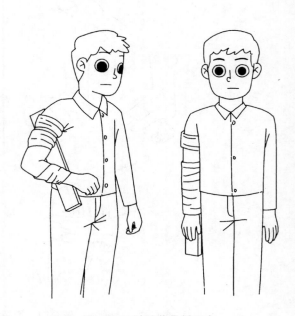

图 6-55　肘关节骨折固定

⑨ 桡、尺骨骨折固定，其方法如图 6-56 所示。

⑩ 手指骨骨折固定，其方法如图 6-57 所示。

⑪ 盆骨骨折固定，其方法如图 6-58 所示。

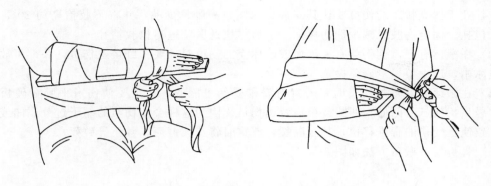

图 6-56 桡、尺骨骨折固定

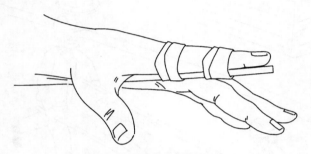

图 6-57 手指骨骨折固定

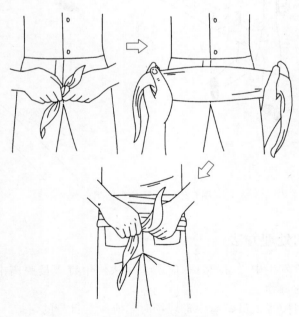

图 6-58 盆骨骨折固定

## 九、搬运伤员的处理方法

（1）肢体受伤有骨折时，宜在止血包扎固定后再搬运，防止骨折断端因搬运震动而移位，加重疼痛，再继发损伤附近的血管神经，使创伤加重。

(2) 处于休克状态的伤员要让其安静、保暖、平卧、少动，并将下肢抬高约 20°，及时止血、包扎、固定伤肢以减少创伤疼痛，然后尽快送医院进行抢救治疗。

(3) 在搬运有严重创伤伴有大出血或已休克的伤员时，要平卧运送伤员，头部可放置冰袋或戴冰帽，途中要尽量避免振荡。

(4) 在搬运高处坠落伤员时，若疑有脊椎受伤可能的，一定要使伤员平卧在硬板上搬运，切忌只抬伤员的两肩与两腿或单肩背运伤员。因为这样会使伤员的躯干过分屈曲或过分伸展，致使已受伤的脊椎移位，甚至断裂，严重时将造成截瘫，甚至导致死亡。

(5) 骨折伤员搬运方法如图 6-59 所示。

图 6-59　骨折伤员搬运

扫码看视频

火灾、中毒及中暑处理

## 十、中毒事故的处理方法

(1) 施工现场一旦发生中毒事故，均应设法尽快使中毒人员脱离中毒现场、中毒物源，排除吸收的和未吸收的毒物。

(2) 救护人员在将中毒人员带离中毒现场时，应注意自身的保护，在有毒有害气体发生场所，应视情况，采取加强通风或用湿毛巾等捂住口、鼻，腰系安全绳，并有场外人员控制、应急，如有条件的要使用防毒面具。

(3) 在施工现场因接触油漆、涂料、沥青、外掺剂、添加剂等有毒物品中毒时，应脱去污染的衣物并用大量的微温水清洗污染的皮肤、头发以及指甲等，对不溶于水的毒物用适宜的溶剂进行清洗。吸入毒物的中毒人员尽可能送往有高压氧舱的医院救治。

(4) 在施工现场若发生食物中毒，对一般神志清楚者应设法催吐：喝微温水 300～

500mL，用压舌板等刺激咽后壁或舌根部以催吐，如此反复，直到吐出物为清亮液体为止，如图 6-60 所示。对催吐无效或神志不清者，则应送往医院救治。

图 6-60    食物中毒的处理

（5）在施工现场如已发现中毒人员心跳、呼吸不规律或停止呼吸、心跳的时间不长，则应把中毒人员移到空气新鲜处，立即施行口对口（口对鼻）人工呼吸法和胸外心脏按压法进行抢救。

（6）一氧化碳中毒急救流程如图 6-61 所示。

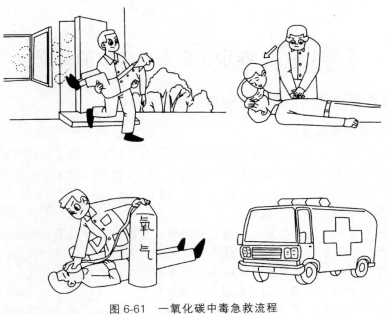

图 6-61    一氧化碳中毒急救流程

## 十一、中暑人员的处理方法

夏季，在建筑工地上劳动或工作最容易发生中暑，轻者全身疲乏无力、头晕、头疼、烦闷、口渴、恶心、心慌，重者可能突然晕倒或昏迷不醒。遇到这种情况应马上进行急救，让病人平躺，并移至阴凉通风处，如图 6-62 所示，并松解衣扣和腰带，慢慢地给患者喝一些凉开（茶）水、淡盐水或西瓜汁等，也可给病人服用十滴水、人丹、藿香正气片（水）等消暑药。病重者，要及时送往医院治疗。

图 6-62　将中暑者迅速移至阴凉通风的地方

## 第四节　建设工程安全事故的处理

### 一、事故处理的"四不放过"原则

**1. 事故原因未查清不放过**

要求在调查处理伤亡事故时，首先要把事故原因分析清楚，找出导致事故发生的真正原因，未找到真正原因决不轻易放过。直到找到真正原因并搞清各因素之间的因果关系才算达到事故原因分析的目的。

**2. 事故责任人未受到处理不放过**

这是安全事故责任追究制的具体体现，对事故责任者要严格按照安全事故责任追究的法律法规的规定进行严肃处理。不仅要追究事故直接责任人的责任，同时要追究有关负责人的领导责任。当然，处理事故责任者必须谨慎，避免事故责任追究的扩大化。

**3. 事故责任人和周围群众没有受到教育不放过**

使事故责任者和广大群众了解事故发生的原因及所造成的危害，并深刻认识到搞好安全生产的重要性，从事故中吸取教训，提高安全意识，改进安全管理工作。

**4. 事故没有制订切实可行的整改措施不放过**

必须针对事故发生的原因，提出防止相同或类似事故发生的切实可行的预防措施，并督促事故发生单位加以实施。只有这样，才算达到了事故调查和处理的最终目的。

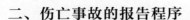 

## 二、伤亡事故的报告程序

事故发生后，事故现场有关人员应当立即向本单位负责人报告。单位负责人接到报告后，应当于1小时内向事故发生地县级以上人民政府安全生产监督管理部门和负有安全生产监督管理职责的有关部门报告，并有组织、有指挥地抢救伤员、排除险情。应当防止人为或自然因素的破坏，便于事故原因的调查。

由于建设行政主管部门是建设安全生产的监督管理部门，对建设安全生产实行统一的监督管理，因此，各个行业的建设施工中出现了安全事故，都应当向建设行政主管部门报告。对于专业工程的施工中出现生产安全事故的，由于有关的行业主管部门也承担着对建设安全生产的监督管理职能，因此，专业工程出现安全事故，还需要向有关行业主管部门报告。

情况紧急时，事故现场有关人员可以直接向事故发生地县级以上人民政府安全生产监督管理部门和负有安全生产监督管理职责的有关部门报告。

安全生产监督管理部门和负有安全生产监督管理职责的有关部门接到事故报告后，应当依照下列规定上报事故情况，并通知公安机关、劳动保障行政部门、工会和人民检察院。

（1）重大事故、特别重大事故逐级上报至国务院安全生产监督管理部门和负有安全生产监督管理职责的有关部门；

（2）较大事故逐级上报至省、自治区、直辖市人民政府安全生产监督管理部门和负有安全生产监督管理职责的有关部门；

（3）一般事故上报至设区的市级人民政府安全生产监督管理部门和负有安全生产监督管理职责的有关部门。

安全生产监督管理部门和负有安全生产监督管理职责的有关部门依照前款规定上报事故情况，应当同时报告本级人民政府。国务院安全生产监督管理部门和负有安全生产监督管理职责的有关部门以及省级人民政府接到发生特别重大事故、重大事故的报告后，应当立即报告国务院。必要时，安全生产监督管理部门和负有安全生产监督管理职责的有关部门可以越级上报事故情况。

安全生产监督管理部门和负有安全生产监督管理职责的有关部门逐级上报事故情况，每级上报的时间不得超过2小时。事故报告后出现新情况的，应当及时补报。

## 三、事故报告的内容

（1）事故发生单位概况。

（2）事故发生的时间、地点以及事故现场情况。

（3）事故的简要经过。

（4）事故已经造成或者可能造成的伤亡人数（包括下落不明的人数）和初步估计的直接经济损失。

（5）已经采取的措施。

（6）其他应当报告的情况。

## 四、事故调查的程序

（1）迅速抢救伤员并保护事故现场。

（2）组织事故调查组。

（3）现场勘察。

（4）分析事故原因，明确责任者。

（5）提出处理意见，写出调查报告。

（6）事故的结案处理。

## 五、事故调查组应履行的职责

（1）查明事故发生的经过、原因、人员伤亡情况及直接经济损失。

（2）认定事故的性质和事故责任。

（3）提出对事故责任者的处理建议。

（4）总结事故教训，提出防范和整改措施。

（5）提交事故调查报告。

## 六、事故调查报告的内容

（1）事故发生单位概况。

（2）事故发生经过和事故救援情况。

（3）事故造成的人员伤亡和直接经济损失。

（4）事故发生的原因和事故性质。

（5）事故责任的认定以及对事故责任者的处理建议。

（6）事故防范和整改措施。

事故调查报告应当附具有关证据材料，事故调查组成员应当在事故调查报告上签名。

## 七、事故性质的确定

**1. 责任事故**

责任事故是指由于人的过失造成的事故。

**2. 非责任事故**

由于不可抗力或人们不能预见的自然条件变化所造成的事故，或是在技术改造、发明创造、科学实验活动中，由于科学技术条件的限制而发生的无法预料的事故。但对于能够预见并可以采取措施加以避免的伤亡事故或没有经过认真研究解决技术问题而造成的事故，不能包括在内。

**3. 破坏性事故**

为达到既定目的而故意制造的事故。对已确定为破坏性事故的，由公安机关认真追查破案，依法处理。

## 八、事故分析的步骤

（1）整理和阅读调查材料。

（2）根据《企业职工伤亡事故分类》的要求，按下列七项内容进行分析：

① 受伤部位；

② 受伤性质；

③ 起因物；

④ 致害物；

⑤ 伤害方法；

⑥ 不安全状态；

⑦ 不安全行为。

(3) 确定事故的直接原因。

(4) 确定事故的间接原因。

## 九、事故分析的方法

**1. 数理统计和制作统计表**

把统计调查所得的数字资料，通过汇总整理，按一定的顺序填列在一定的表格内。通过表中的数字、比例可以进行安全动态分析，研究对策，实现安全生产动态控制。

**2. 图表分析法**

图表分析法是以统计数字为基础，用几何图形等来表达统计结果的方法。

**3. 系统安全分析法**

系统安全分析法既能作综合分析，也可作个别案例分析。系统安全分析法具有科学性、逻辑性强的特点，也较直观和形象，考虑问题较系统、全面。

## 十、事故原因的分析

**1. 直接原因**

直接导致伤亡事故发生的机械、物质和环境的不安全状态以及人的不安全行为是造成事故的直接原因。

**2. 间接原因**

事故中属于技术和设计上的缺陷，教育培训不够、未经培训、缺乏或不懂安全操作技术知识，劳动组织不合理，对现场工作缺乏检查或指导错误，没有安全操作规程或不健全，没有或不认真实施事故防范措施，对事故隐患整改不力等，是造成事故的间接原因。

**3. 主要原因**

导致事故发生的主要因素，即事故的主要原因。

## 十一、工伤事故的结案处理

(1) 事故调查处理结论经有关机关审批后，工伤事故方可结案。工伤事故处理工作一般应当在 90 天内结案，遇特殊情况不得超过 180 天。

(2) 事故案件的审批权限，同企业的隶属关系及人事管理权限一致。

(3) 对事故责任者的处理，应根据其情节轻重和损失大小，责任方（主要责任、次要责任、重要责任、一般责任、领导责任等）综合考虑，按规定给予处分。

(4) 企业接到政府机关的结案批复后，进行事故建档，并接受政府主管部门的行政处罚。

## 十二、事故档案登记的内容

(1) 员工重伤、死亡事故调查报告书，现场勘查资料（记录、图样、照片）。

(2) 技术鉴定和试验报告。

(3) 物证、人证调查材料。

（4）医疗部门对伤亡者的诊断结论及影印件。

（5）事故调查组人员的姓名、职务，需签字。

（6）企业或其主管部门对该事故所作的结案报告。

（7）受处理人员的检查材料。

（8）有关部门对事故的结案批复等。

# 第七章

# 安全员如何收集、整理和归档施工安全资料

施工现场安全检查验收资料

## 一、安全检查制度实施要点

为了全面提高项目安全生产管理水平，及时消除安全隐患，落实各项安全生产制度和措施，在确保安全的情况下正常地进行施工、生产，施工项目应实行逐级安全检查制度。

（1）公司对项目实施定期检查和重点作业部位巡检制度。

（2）项目经理部每月由现场经理组织，安全总监配合，对施工现场进行一次安全大检查。

（3）区域责任工程师每半个月组织专业责任工程师（工长）、分包商（专业公司）、行政与技术负责人、工长对所管辖的区域进行安全大检查。

（4）专业责任工程师（工长）实行日巡检制度。

（5）项目安全总监对上述人员的活动情况实施监督与检查。

（6）项目分包单位必须建立各自的安全检查制度，除参加总包组织的检查外，必须坚持自检，及时发现、纠正、整改本责任区的隐患与违章情况。对危险和重点部位要跟踪检查，做到预防为主。

（7）施工（生产）班组要做好班前、班中、班后和节假日前后的安全自检工作，尤其作业前必须对作业环境进行认真检查，做到身边无隐患，班组不违章。

（8）各级检查都必须有明确的目的，做到"四定"，即定整改责任人、定整改措施、定整改完成时间、定整改验收人，并做好检查记录。

## 二、安全检查重点内容

### 1. 临时用电系统和设施

（1）应检查临时用电是否采用 TN-S 接零保护系统。

① TN-S 系统就是五线制，保护零线和工作零线分开。在一级配电柜设立两个端子板，即工作零线和保护零线端子板，此时入线是一根中性线，出线就是两根线，也就是工作零线和保护零线分别由各自端子板引出。

② 现场塔式起重机等设备要求电源从一级配电柜直接引入，引到塔式起重机专用箱，不允许与其他设备共用。

③ 现场一级配电柜要做重复接地。

（2）应检查施工中临时用电的负荷匹配和电箱合理配置、配设问题。负荷匹配和电箱合

理配置，要达到"三级配电、两级保护"要求，符合《施工现场临时用电安全技术规范》（JGJ 46—2005）和《建筑施工安全检查标准》（JGJ 59—2011）等规范和标准。

（3）应检查临电器材和用电设备是否具备安全防护装置和安全措施。

① 对室外及固定的配电箱要有防雨防砸棚、围栏，如果是金属的，还要接保护零线、箱子下方砌台、箱门配锁、有警告标志和制度责任人等。

② 土木机械等，防护设施应齐全有效。

③ 手持电动工具质量应达标。

（4）应检查生活和施工照明是否满足以下要求。

① 灯具（碘钨灯、镝灯、探照灯、手把灯等）高度、防护、接线、材料符合规范要求。

② 走线要符合规范和必要的保护措施。

③ 在需要使用安全电压的场所要采用低压照明，其低压变压器配置应符合要求。

（5）应检查消防泵、大型机械应否满足特殊用电要求。

对塔式起重机、消防泵、外用电梯等应配置专用电箱，做好防雷接地，对塔式起重机、外用电梯电缆要做合适的处理等。

（6）雨期施工中，对绝缘和接地电阻及时摇测和记录情况。

**2. 施工准备阶段**

（1）如施工区域内有地下电缆、水管或防空洞等，要指令专人进行妥善处理。

（2）现场内或施工区域附近有高压架空线时，要在施工组织设计中采取相应的技术措施，确保施工安全。

（3）施工现场的周围如邻近居民住宅或交通要道，要充分考虑施工扰民、妨碍交通、发生安全事故的各种可能因素，以确保人员安全。对有可能发生的安全隐患，要有相应的防护措施，如搭设过街防护棚、民房防护棚以及施工中作业层采取全封闭措施等。

（4）在现场内设金属加工棚、混凝土搅拌站时，要尽量远离居民区及交通要道，防止施工中噪声干扰居民正常生活。

**3. 基础施工阶段**

（1）土方施工前，检查是否安排有针对性的安全技术交底并督促执行。

（2）在雨期或地下水位较高的区域施工时，检查是否有排水、挡水和降水措施。

（3）根据施工组织设计检查放坡比例是否合理，有没有支护措施或打护坡桩。

（4）深基础施工，检查作业人员工作环境和通风是否良好。

（5）工作位置距基础 2m 以下时，检查是否有基础周边防护措施。

**4. 结构施工阶段**

（1）做好对外脚手架的安全检查与验收，预防高处坠落和防物体打击。应重点检查以下方面是否满足要求。

① 搭设材料和安全网。

② 水平 6m 支网和 3m 挑网。

③ 出入口的护头棚。

④ 脚手架搭设基础，间距，拉结点、扣件连接。

⑤ 卸荷措施。

⑥ 结构施工层和距地 2m 以上操作部位的外防护等。

（2）做好对安全防护用品（安全帽、安全带、安全网、绝缘手套、防护鞋等）的使用检查与验收。

（3）做好对孔、洞口（楼梯口、预留洞口、电梯井口、管道井口、首层出入口等）的安全检查与验收。

（4）做好对临边（阳台边、屋面周边、结构楼层周边、雨篷与挑檐边、水箱与水塔周边、斜道两侧边、卸料平台外侧边、梯段边）的安全检查与验收。

（5）做好对机械设备操作人员的教育，要求其持证上岗，对所有设备进行检查与验收。

（6）对材料，特别是大模板存放和吊装使用进行检查。

（7）对施工人员上下通道进行检查。

（8）对一些特殊结构工程，如钢结构吊装、大型梁架吊装以及特殊危险作业，要对施工方案、安全措施和技术交底进行检查与验收。

**5. 装修施工阶段**

（1）对外装修脚手架、吊篮、桥式架子的保险装置、防护措施在投入使用前进行检查与验收，日常使用期间要进行安全检查。

（2）检查室内管线洞口防护设施。

（3）检查室内使用的单梯、双梯、高凳等工具及使用人员是否进行安全技术交底。

（4）检查内装修使用的架子的搭设和防护情况。

（5）检查内装修作业所使用的各种染料、涂料和胶黏剂是否挥发有毒气体。

（6）检查多工种的交叉作业。

**6. 竣工收尾阶段**

（1）检查外装修脚手架的拆除。

（2）检查现场清理工作。

## 三、安全评分依据

为了科学地评价施工项目安全生产情况，提高安全生产工作和文明施工的管理水平，预防伤亡事故的发生，确保职工的安全和健康，应采用工程安全系统原理，结合建筑施工中伤亡事故规律，按照《建筑施工安全检查标准》（JGJ 59—2011），对建筑施工中容易发生伤亡事故的主要环节、部位和工艺等的完成情况进行安全检查评价。此评价采用检查评分表的形式，分为安全管理、文明施工、脚手架、基坑工程、模板支架、高处作业、施工用电、物料提升机与施工升降机、塔式起重机与起重吊装和施工机具共十个分项检查表和一张检查评分汇总表。汇总表对十个分项内容检查结果进行汇总，利用汇总表所得分值，来确定和评价施工项目总体系统的安全生产工作情况。

## 四、安全评分方法

（1）安全管理、文明施工、脚手架、基坑工程、模板支架、高处作业、施工用电、物料提升机与施工升降机、塔式起重机与起重吊装和施工机具等十项分项检查评分表中，各表满分为 100 分。表中各检查项目得分为按规定检查内容所得分数之和。每张表总得分为各自表内各检查项目实得分数之和。

（2）在安全管理、文明施工、脚手架、基坑工程、模板支架、施工用电、物料提升机与施工升降机、塔式起重机与起重吊装等八项检查评分表中，设立了保证项目和一般项目，保证项目应是安全检查的重点和关键。在检查评分中，当保证项目中有一项不得分或保证项目小计得分不足 40 分时，此检查评分表不应得分。

（3）在检查评分中，遇有多个脚手架、塔式起重机、龙门架与井架等时，则该项得分应为各单项实得分数的算术平均值。

（4）检查评分不得采用负值。各检查项目所扣分数总和不得超过该项应得分数。

（5）汇总表满分为100分。各分项检查表在汇总表中所占的满分分值应分别为：

① 安全管理10分；

② 文明施工15分；

③ 脚手架10分；

④ 基坑工程10分；

⑤ 模板支架10分；

⑥ 高处作业10分；

⑦ 施工用电10分；

⑧ 物料提升机与施工升降机10分；

⑨ 塔式起重机与起重吊装10分；

⑩ 施工机具5分。

（6）汇总表中，各分项项目实得分数按下式计算：

$$在汇总表中各分项项目实得分数 = \frac{汇总表中该项应得满分分值 \times 该项检查表分表实得分数}{100}$$

（7）检查中遇有缺项时，汇总表得分按下式计算：

$$缺项时汇总表总得分 = \frac{实查项目在汇总表中按各对应的实得分之和}{实查项目在汇总表中应得满分的分值之和} \times 100$$

## 五、安全技术方案验收

（1）施工项目的安全技术方案的实施情况由项目总工程师牵头组织验收。

（2）交叉作业施工的安全技术措施的实施由区域责任工程师组织验收。

（3）分部分项工程安全技术措施的实施由专业责任工程师组织验收。

（4）一次验收严重不合格的安全技术措施应重新组织验收。

（5）项目安全总监要参与以上验收活动，并提出自己的具体意见，对需重新组织验收的项目要督促有关人员尽快整改。

## 六、设施和设备的验收

### 1. 验收的项目

（1）一般防护设施和中小型机械。

（2）高大外脚手架、满堂脚手架。

（3）吊篮架、挑架、外挂脚手架、卸料平台。

（4）整体式提升架。

（5）高20m以上的物料提升架。

（6）施工用电梯。

（7）塔式起重机。

（8）临电设施。

（9）钢结构吊装吊索具等配套防护设施。

（10）理论生产率$30m^3/h$以上的搅拌站。

（11）其他大型防护设施。

### 2. 验收的程序

（1）一般防护设施和中小型机械设备由项目经理部专业责任工程师会同分包有关责任人

共同进行验收。

(2) 整体防护设施以及重点防护设施由项目总(主任工程师)组织区域责任工程师、专业责任工程师及有关人员进行验收。

(3) 区域内的单位工程防护设施及重点防护设施,由区域工程师组织专业责任工程师、分包商施工技术负责人、工长进行验收。项目经理部安全总监及相关分包安全员参加验收,其验收资料分专业归档。

(4) 对于高度超过20m的高大架体等的防护设施、临电设施和大型设备施工项目,在自检自验基础上报请公司安全主管部门进行验收。

**3. 验收内容**

(1) 一般脚手架的验收(20m及其以下井架、门式架)。按照验收表格的验收项目、内容、标准进行详细检查,确无安全隐患,达到搭设图要求和规范要求后,检查组成员签字通过验收。

(2) 20m以上架体(包括爬架)的验收。按照检查表所列项目、内容、标准进行详细检查,并空载运行,检查无误后,进行满载升降运行试验,再次检查无误,最后进行超载15%~25%升降运行试验。实验中认真观察安全装置的灵敏状况,试验后,对缆风绳锚桩、起重绳、天滑轮、定向滑轮、转向滑轮、金属结构、卷扬机等进行全面检查,确无损坏且运行正常,检查组成员共同签字通过验收。

(3) 塔式起重机等大中小型机械设备的验收。按照检查表所列项目、内容、标准进行详细检查。进行空载试验,验证无误,进行满负荷动载试验。再次全面检查无误,将夹轨夹牢后,进行超载15%~25%的动载运行试验。试验中,派专人观察安全装置是否灵敏可靠,对轨道、机身、吊杆、起重绳、卡扣、滑轮等详细检查,确无损坏,运行正常,检查组成员共同签字通过验收。

(4) 对于临电线路及电气设施的验收。按照检查表所列项目、内容、标准,针对施工方案中的明确设置、方式、路线等进行检查。确认无误后,由检查组成员共同签字通过验收。

# 七、安全检查评分标准

## (一)安全检查评分汇总

建筑施工安全检查评分汇总如表7-1所示。

### 表7-1 建筑施工安全检查评分汇总表

企业名称: 　　　　　　资质等级: 　　　　　　　　　年　　月　　日

| 单位工程(施工现场)名称 | 建筑面积/m² | 结构类型 | 总计得分(满分100分) | 项目名称及分值 | | | | | | | | | |
|---|---|---|---|---|---|---|---|---|---|---|---|---|---|
| | | | | 安全管理(满分10分) | 文明施工(满分15分) | 脚手架(满分10分) | 基坑工程(满分10分) | 模板支架(满分10分) | 高处作业(满分10分) | 施工用电(满分10分) | 物料提升机与施工升降机(满分10分) | 塔式起重机与起重吊装(满分10分) | 施工机具(满分5分) |
| | | | | | | | | | | | | | |

评语:

| 检查单位 | | 负责人 | | 受检项目 | | 项目经理 | |
|---|---|---|---|---|---|---|---|
| | | | | | | | |

### （二）分项安全检查评分标准

**1. 安全管理**

安全管理检查评分标准如表 7-2 所示。

表 7-2　安全管理检查评分表

| 序号 | 检查项目 | | 扣分标准 | 应得分数 | 扣减分数 | 实得分数 |
|---|---|---|---|---|---|---|
| 1 | 保证项目 | 安全生产责任制 | 未建立安全生产责任制,扣 10 分<br>安全生产责任制未经责任人签字确认,扣 3 分<br>未备有各工种安全技术操作规程,扣 2～10 分<br>未按规定配备专职安全员,扣 2～10 分<br>工程项目部承包合同中未明确安全生产考核指标,扣 5 分<br>未制订安全生产资金保障制度,扣 5 分<br>未编制安全资金使用计划或未按计划实施,扣 2～5 分<br>未制订伤亡控制、安全达标、文明施工等管理目标,扣 5 分<br>未进行安全责任目标分解,扣 5 分<br>未建立对安全生产责任制和责任目标的考核制度,扣 5 分<br>未按考核制度对管理人员定期考核,扣 2～5 分 | 10 | | |
| 2 | | 施工组织设计及专项施工方案 | 施工组织设计中未制订安全技术措施,扣 10 分<br>危险性较大的分部分项工程未编制安全专项施工方案,扣 10 分<br>未按规定对超过一定规模危险性较大的分部分项工程专项施工方案进行专家论证,扣 10 分<br>施工组织设计、专项施工方案未经审批,扣 10 分<br>安全技术措施、专项施工方案无针对性或缺少设计计算,扣 2～8 分<br>未按施工组织设计、专项施工方案组织实施,扣 2～10 分 | 10 | | |
| 3 | | 安全技术交底 | 未进行书面安全技术交底,扣 10 分<br>未按分部分项进行交底,扣 5 分<br>交底内容不全面或针对性不强,扣 2～5 分<br>交底未履行签字手续,扣 4 分 | 10 | | |
| 4 | | 安全检查 | 未建立安全检查制度,扣 10 分<br>未有安全检查记录,扣 5 分<br>事故隐患的整改未做到定人、定时间、定措施,扣 2～6 分<br>对重大事故隐患整改通知书所列项目未按期整改和复查,扣 5～10 分 | 10 | | |
| 5 | | 安全教育 | 未建立安全教育培训制度,扣 10 分<br>施工人员入场未进行三级安全教育培训和考核,扣 5 分<br>未明确具体安全教育培训内容,扣 2～8 分<br>变换工种或采用新技术、新工艺、新设备、新材料施工时未进行安全教育,扣 5 分<br>施工管理人员、专职安全员未按规定进行年度教育培训和考核,每人扣 2 分 | 10 | | |

| 序号 | 检查项目 | | 扣分标准 | 应得分数 | 扣减分数 | 实得分数 |
|---|---|---|---|---|---|---|
| 6 | 保证项目 | 应急救援 | 未制订安全生产应急救援预案,扣10分<br>未建立应急救援组织或未按规定配备救援人员,扣2~6分<br>未定期进行应急救援演练,扣5分<br>未配置应急救援器材和设备,扣5分 | 10 | | |
| | | 小计 | | 60 | | |
| 7 | 一般项目 | 分包单位安全管理 | 分包单位资质、分包手续不全或失效,扣10分<br>未签订安全生产协议书,扣5分<br>分包合同、安全生产协议书,签字盖章手续不全,扣2~6分<br>分包单位未按规定建立安全机构或未配备专职安全员,扣2~6分 | 10 | | |
| 8 | | 持证上岗 | 未经培训从事施工、安全管理和特种作业,每人扣5分<br>项目经理、专职安全员和特种作业人员未持证上岗,每人扣2分 | 10 | | |
| 9 | | 生产安全事故处理 | 生产安全事故未按规定报告,扣10分<br>生产安全事故未按规定进行调查分析、制定防范措施,扣10分<br>未依法为施工作业人员办理保险,扣5分 | 10 | | |
| 10 | | 安全标志 | 主要施工区域、危险部位未按规定悬挂安全标志,扣2~6分<br>未绘制现场安全标志布置图,扣3分<br>未按部位和现场设施的变化调整安全标志设置,扣2~6分<br>未设置重大危险源公示牌,扣5分 | 10 | | |
| | | 小计 | | 40 | | |
| | 检查项目合计 | | | 100 | | |

**2. 文明施工**

文明施工检查评分标准如表7-3所示。

表7-3 文明施工检查评分表

| 序号 | 检查项目 | | 扣分标准 | 应得分数 | 扣减分数 | 实得分数 |
|---|---|---|---|---|---|---|
| 1 | 保证项目 | 现场围挡 | 市区主要路段的工地未设置封闭围挡或围挡高度小于2.5m,扣5~10分<br>一般路段的工地未设置封闭围挡或围挡高度小于1.8m,扣5~10分<br>围挡未达到坚固、稳定、整洁、美观,扣5~10分 | 10 | | |
| 2 | | 封闭管理 | 施工现场进出口未设置大门,扣10分<br>未设置门卫室,扣5分<br>未建立门卫值守管理制度或未配备门卫值守人员,扣2~6分<br>施工人员进入施工现场未佩戴工作卡,扣2分<br>施工现场出入口未标有企业名称或标识,扣2分<br>未设置车辆冲洗设施,扣3分 | 10 | | |

| 序号 | | 检查项目 | 扣分标准 | 应得分数 | 扣减分数 | 实得分数 |
|------|------|----------|----------|----------|----------|----------|
| 3 | 保证项目 | 施工场地 | 施工现场主要道路及材料加工区地面未进行硬化处理,扣5分<br>施工现场道路不畅通、路面不平整坚实,扣5分<br>施工现场未采取防尘措施,扣5分<br>施工现场未设置排水设施或排水不通畅、有积水,扣5分<br>未采取防止泥浆、污水、废水污染环境措施,扣2～10分<br>未设置吸烟处、随意吸烟,扣5分<br>温暖季节未进行绿化布置,扣3分 | 10 | | |
| 4 | | 材料管理 | 建筑材料、构件、料具未按总平面布局码放,扣4分<br>材料码放不整齐,未标明名称、规格,扣2分<br>施工现场材料存放未采取防火、防锈蚀、防雨措施,扣3～10分<br>建筑物内施工垃圾的清运未使用器具或管道运输,扣5分<br>易燃易爆物品未分类储藏在专用库房、未采取防火措施,扣5～10分 | 10 | | |
| 5 | | 现场办公与住宿 | 施工作业区、材料存放区与办公、生活区未采取隔离措施,扣6分<br>宿舍、办公用房防火等级不符合有关消防安全技术规范要求,扣10分<br>在施工程、伙房、库房兼作住宿,扣10分<br>宿舍未设置可开启式窗户,扣4分<br>宿舍未设置床铺、床铺超过2层或通道宽度小于0.9m,扣2～6分<br>宿舍人均面积或人员数量不符合规范要求,扣5分<br>冬季宿舍内未采取采暖和防一氧化碳中毒措施,扣5分<br>夏季宿舍内未采取防暑降温和防蚊蝇措施,扣5分<br>生活用品摆放混乱、环境卫生不符合要求,扣3分 | 10 | | |
| 6 | | 现场防火 | 施工现场未制订消防安全管理制度、消防措施,扣10分<br>施工现场的临时用房和作业场所的防火设计不符合规范要求,扣10分<br>施工现场消防通道、消防水源的设置不符合规范要求,扣5～10分<br>施工现场灭火器材布局、配置不合理或灭火器材失效,扣5分<br>未办理动火审批手续或未指定动火监护人员,扣5～10分 | 10 | | |
| | | 小计 | | 60 | | |

续表

| 序号 | 检查项目 | | 扣分标准 | 应得分数 | 扣减分数 | 实得分数 |
|---|---|---|---|---|---|---|
| 7 | 一般项目 | 综合治理 | 生活区未设置供作业人员学习和娱乐场所,扣2分<br>施工现场未建立治安保卫制度或责任未分解到人,扣3~5分<br>施工现场未制订治安防范措施,扣5分 | 10 | | |
| 8 | | 公示标牌 | 大门口处设置的公示标牌内容不齐全,扣2~8分<br>标牌不规范、不整齐,扣3分<br>未设置安全标语,扣3分<br>未设置宣传栏、读报栏、黑板报,扣2~4分 | 10 | | |
| 9 | | 生活设施 | 未建立卫生责任制度,扣5分<br>食堂与厕所、垃圾站、有毒有害场所的距离不符合规范要求,扣2~6分<br>食堂未办理卫生许可证或未办理炊事人员健康证,扣5分<br>食堂使用的燃气罐未单独设置存放间或存放间通风条件不良,扣2~4分<br>食堂未配备排风、冷藏、消毒、防鼠、防蚊蝇等设施,扣4分<br>厕所内的设施数量和布局不符合规范要求,扣2~6分<br>厕所卫生未达到规定要求,扣4分<br>不能保证现场人员的饮水卫生,扣5分<br>未设置淋浴室或淋浴室不能满足现场人员需求,扣4分<br>生活垃圾未装容器或未及时清理,扣3~5分 | 10 | | |
| 10 | | 社区服务 | 夜间未经许可施工,扣8分<br>施工现场焚烧各类废弃物,扣8分<br>施工现场未制订防粉尘、防噪声、防光污染等措施,扣5分<br>未制订施工不扰民措施,扣5分 | 10 | | |
| | | 小计 | | 40 | | |
| | 检查项目合计 | | | 100 | | |

## 3. 脚手架

(1) 扣件式钢管脚手架检查评分标准如表7-4所示。

**表7-4 扣件式钢管脚手架检查评分表**

| 序号 | 检查项目 | | 扣分标准 | 应得分数 | 扣减分数 | 实得分数 |
|---|---|---|---|---|---|---|
| 1 | 保证项目 | 施工方案 | 架体搭设未编制专项施工方案或方案未按规定审核、审批,扣10分<br>架体结构设计未进行设计计算,扣10分<br>架体搭设超过规范允许高度,专项施工方案未按规定组织专家论证,扣10分 | 10 | | |

续表

| 序号 | 检查项目 | | 扣分标准 | 应得分数 | 扣减分数 | 实得分数 |
|---|---|---|---|---|---|---|
| 2 | | 立杆基础 | 立杆基础不平、不实,不符合专项施工方案要求,扣5~10分<br>立杆底部缺少底座、垫板或垫板的规格不符合规范要求,每处扣2~5分<br>未按规范要求设置纵、横向扫地杆,扣5~10分<br>扫地杆的设置和固定不符合规范要求,扣5分<br>未采取排水措施,扣8分 | 10 | | |
| 3 | | 架体与建筑结构拉结 | 架体与建筑结构拉结方式或间距不符合规范要求,每处扣2分<br>架体底层第一步纵向水平杆处未按规定设置连墙件或未采用其他可靠措施固定,每处扣2分<br>搭设高度超过24m的双排脚手架,未采用刚性连墙件与建筑结构可靠连接,扣10分 | 10 | | |
| 4 | 保证项目 | 杆件间距与剪刀撑 | 立杆、纵向水平杆、横向水平杆间距超过设计或规范要求,每处扣2分<br>未按规定设置纵向剪刀撑或横向斜撑,每处扣5分<br>剪刀撑未沿脚手架高度连续设置或角度不符合规范要求,扣5分<br>剪刀撑斜杆的接长或剪刀撑斜杆与架体杆件固定不符合规范要求,每处扣2分 | 10 | | |
| 5 | | 脚手板与防护栏杆 | 脚手板未满铺或铺设不牢、不稳,扣5~10分<br>脚手板规格或材质不符合规范要求,扣5~10分<br>架体外侧未设置密目式安全网封闭或网间连接不严,扣5~10分<br>作业层防护栏杆不符合规范要求,扣5分<br>作业层未设置高度不小于180mm的挡脚板,扣3分 | 10 | | |
| 6 | | 交底与验收 | 架体搭设前未进行交底或交底未有文字记录,扣5~10分<br>架体分段搭设、分段使用未进行分段验收,扣5分<br>架体搭设完毕未办理验收手续,扣10分<br>验收内容未进行量化,或未经责任人签字确认,扣5分 | 10 | | |
| | | 小计 | | 60 | | |
| 7 | 一般项目 | 横向水平杆设置 | 未在立杆与纵向水平杆交点处设置横向水平杆,每处扣2分<br>未按脚手板铺设的需要增加设置横向水平杆,每处扣2分<br>双排脚手架横向水平杆只固定一端,每处扣2分<br>单排脚手架横向水平杆插入墙内小于180mm,每处扣2分 | 10 | | |
| 8 | | 杆件连接 | 纵向水平杆搭接长度小于1m或固定不符合要求,每处扣2分<br>立杆除顶层顶步外采用搭接,每处扣4分<br>杆件对接扣件的布置不符合规范要求,扣2分<br>扣件紧固力矩小于40N·m或大于65N·m,每处扣2分 | 10 | | |

续表

| 序号 | 检查项目 | 扣分标准 | 应得分数 | 扣减分数 | 实得分数 |
|---|---|---|---|---|---|
| 9 | 一般项目 层间防护 | 作业层脚手板下未采用安全平网兜底或作业层以下每隔10m未采用安全平网封闭,扣5分<br>作业层与建筑物之间未按规定进行封闭,扣5分 | 10 | | |
| 10 | 构配件材质 | 钢管直径、壁厚、材质不符合要求,扣5分<br>钢管弯曲、变形、锈蚀严重,扣5分<br>扣件未进行复试或技术性能不符合标准,扣5分 | 5 | | |
| 11 | 通道 | 未设置人员上下专用通道,扣5分<br>通道设置不符合要求,扣2分 | 5 | | |
| | 小计 | | 40 | | |
| | 检查项目合计 | | 100 | | |

（2）门式钢管脚手架检查评分标准如表7-5所示。

表 7-5　门式钢管脚手架检查评分表

| 序号 | 检查项目 | 扣分标准 | 应得分数 | 扣减分数 | 实得分数 |
|---|---|---|---|---|---|
| 1 | 保证项目 施工方案 | 未编制专项施工方案或未进行设计计算,扣10分<br>专项施工方案未按规定审核、审批,扣10分<br>架体搭设超过规范允许高度,专项施工方案未组织专家论证,扣10分 | 10 | | |
| 2 | 架体基础 | 架体基础不平、不实,不符合专项施工方案要求,扣5~10分<br>架体底部未设置垫板或垫板的规格不符合要求,扣2~5分<br>架体底部未按规范要求设置底座,每处扣2分<br>架体底部未按规范要求设置扫地杆,扣5分<br>未采取排水措施,扣8分 | 10 | | |
| 3 | 架体稳定 | 架体与建筑物结构拉结方式或间距不符合规范要求,每处扣2分<br>未按规范要求设置剪刀撑,扣10分<br>门架立杆垂直偏差超过规范要求,扣5分<br>交叉支撑的设置不符合规范要求,每处扣2分 | 10 | | |
| 4 | 杆件锁臂 | 未按规定组装或漏装杆件、锁臂,扣2~6分<br>未按规范要求设置纵向水平加固杆,扣10分<br>扣件与连接的杆件参数不匹配,每处扣2分 | 10 | | |
| 5 | 脚手板 | 脚手板未满铺或铺设不牢、不稳,扣5~10分<br>脚手板规格或材质不符合要求,扣5~10分<br>采用挂扣式钢脚手板时挂钩未挂扣在横向水平杆上或挂钩不处于锁住状态,每处扣2分 | 10 | | |
| 6 | 交底与验收 | 架体搭设前未进行交底或交底未有文字记录,扣5~10分<br>架体分段搭设、分段使用未办理分段验收,扣6分<br>架体搭设完毕未办理验收手续,扣10分<br>验收内容未进行量化,或未经责任人签字确认,扣5分 | 10 | | |
| | 小计 | | 60 | | |

| 序号 | 检查项目 | | 扣分标准 | 应得分数 | 扣减分数 | 实得分数 |
|---|---|---|---|---|---|---|
| 7 | 一般项目 | 架体防护 | 作业层防护栏杆不符合规范要求,扣 5 分<br>作业层未设置高度不小于 180mm 的挡脚板,扣 3 分<br>架体外侧未设置密目式安全网封闭或网间连接不严,扣 5～10 分<br>作业层脚手板下未采用安全平网兜底或作业层以下每隔 10m 未采用安全平网封闭,扣 5 分 | 10 | | |
| 8 | | 构配件材质 | 杆件变形、锈蚀严重,扣 10 分<br>门架局部开焊,扣 10 分<br>构配件的规格、型号、材质或产品质量不符合规范要求,扣 5～10 分 | 10 | | |
| 9 | | 荷载 | 施工荷载超过设计规定,扣 10 分<br>荷载堆放不均匀,每处扣 5 分 | 10 | | |
| 10 | | 通道 | 未设置人员上下专用通道,扣 10 分<br>通道设置不符合要求,扣 5 分 | 10 | | |
| | 小计 | | | 40 | | |
| | 检查项目合计 | | | 100 | | |

（3）碗扣式钢管脚手架检查评分标准如表 7-6 所示。

表 7-6　碗扣式钢管脚手架检查评分表

| 序号 | 检查项目 | | 扣分标准 | 应得分数 | 扣减分数 | 实得分数 |
|---|---|---|---|---|---|---|
| 1 | 保证项目 | 施工方案 | 未编制专项施工方案或未进行设计计算,扣 10 分<br>专项施工方案未按规定审核、审批,扣 10 分<br>架体搭设超过规范允许高度,专项施工方案未组织专家论证,扣 10 分 | 10 | | |
| 2 | | 架体基础 | 基础不平、不实,不符合专项施工方案要求,扣 5～10 分<br>架体底部未设置垫板或垫板的规格不符合要求,扣 2～5 分<br>架体底部未按规范要求设置底座,每处扣 2 分<br>架体底部未按规范要求设置扫地杆,扣 5 分<br>未采取排水措施,扣 8 分 | 10 | | |
| 3 | | 架体稳定 | 架体与建筑结构未按规范要求拉结,每处扣 2 分<br>架体底层第一步水平杆处未按规范要求设置连墙件或未采用其他可靠措施固定,每处扣 2 分<br>连墙件未采用刚性杆件,扣 10 分<br>未按规范要求设置专用斜杆或八字形斜撑,扣 5 分<br>专用斜杆两端未固定在纵、横向水平杆与立杆汇交的碗扣节点处,每处扣 2 分<br>专用斜杆或八字形斜撑未沿脚手架高度连续设置或角度不符合要求,扣 5 分 | 10 | | |

| 序号 | 检查项目 | | 扣分标准 | 应得分数 | 扣减分数 | 实得分数 |
|---|---|---|---|---|---|---|
| 4 | 保证项目 | 杆件锁件 | 立杆间距、水平杆步距超过设计或规范要求,每处扣 2 分<br>未按专项施工方案设计的步距在立杆连接碗扣节点处设置纵、横向水平杆,每处扣 2 分<br>架体搭设高度超过 24m 时,顶部 24m 以下的连墙件层未按规定设置水平斜杆,扣 10 分<br>架体组装不牢或上碗扣紧固不符合要求,每处扣 2 分 | 10 | | |
| 5 | | 脚手板 | 脚手板未满铺或铺设不牢、不稳,扣 5~10 分<br>脚手板规格或材质不符合要求,扣 5~10 分<br>采用挂扣式钢脚手板时挂钩未挂扣在横向水平杆上或挂钩未处于锁住状态,每处扣 2 分 | 10 | | |
| 6 | | 交底与验收 | 架体搭设前未进行交底或交底未有文字记录,扣 5~10 分<br>架体分段搭设、分段使用未进行分段验收,扣 5 分<br>架体搭设完毕未办理验收手续,扣 10 分<br>验收内容未进行量化,或未经责任人签字确认,扣 5 分 | 10 | | |
| | | 小计 | | 60 | | |
| 7 | 一般项目 | 架体防护 | 架体外侧未采用密目式安全网封闭或网间连接不严,扣 5~10 分<br>作业层防护栏杆不符合规范要求,扣 5 分<br>作业层外侧未设置高度不小于 180mm 的挡脚板,扣 3 分<br>作业层脚手板下未采用安全平网兜底或作业层以下每隔 10m 未采用安全平网封闭,扣 5 分 | 10 | | |
| 8 | | 构配件材质 | 杆件弯曲、变形、锈蚀严重,扣 10 分<br>钢管、构配件的规格、型号、材质或产品质量不符合规范要求,扣 5~10 分 | 10 | | |
| 9 | | 荷载 | 施工荷载超过设计规定,扣 10 分<br>荷载堆放不均匀,每处扣 5 分 | 10 | | |
| 10 | | 通道 | 未设置人员上下专用通道,扣 10 分<br>通道设置不符合要求,扣 5 分 | 10 | | |
| | | 小计 | | 40 | | |
| | 检查项目合计 | | | 100 | | |

（4）承插型盘扣式钢管脚手架检查评分标准如表 7-7 所示。

表 7-7 承插型盘扣式钢管脚手架检查评分表

| 序号 | 检查项目 | | 扣分标准 | 应得分数 | 扣减分数 | 实得分数 |
|---|---|---|---|---|---|---|
| 1 | 保证项目 | 施工方案 | 未编制专项施工方案或未进行设计计算,扣 10 分<br>专项施工方案未按规定审核、审批,扣 10 分 | 10 | | |

续表

| 序号 | 检查项目 | | 扣分标准 | 应得分数 | 扣减分数 | 实得分数 |
|---|---|---|---|---|---|---|
| 2 | 保证项目 | 架体基础 | 架体基础不平、不实，不符合专项施工方案要求，扣 5～10 分<br>架体立杆底部缺少垫板或垫板的规格不符合规范要求，每处扣 2 分<br>架体立杆底部未按要求设置可调底座，每处扣 2 分<br>未按规范要求设置纵、横向扫地杆，扣 5～10 分<br>未采取排水措施，扣 8 分 | 10 | | |
| 3 | | 架体稳定 | 架体与建筑结构未按规范要求拉结，每处扣 2 分<br>架体底层第一步水平杆处未按规范要求设置连墙件或未采用其他可靠措施固定，每处扣 2 分<br>连墙件未采用刚性杆件，扣 10 分<br>未按规范要求设置竖向斜杆或剪刀撑，扣 5 分<br>竖向斜杆两端未固定在纵、横向水平杆与立杆汇交的盘扣节点处，每处扣 2 分<br>斜杆或剪刀撑未沿脚手架高度连续设置或角度不符合规范要求，扣 5 分 | 10 | | |
| 4 | | 杆件设置 | 架体立杆间距、水平杆步距超过设计或规范要求，每处扣 2 分<br>未按专项施工方案设计的步距在立杆连接插盘处设置纵、横向水平杆，每处扣 2 分<br>双排脚手架的每步水平杆，当无挂扣钢脚手板时未按规范要求设置水平斜杆，扣 5～10 分 | 10 | | |
| 5 | | 脚手板 | 脚手板不满铺或铺设不牢、不稳，扣 5～10 分<br>脚手板规格或材质不符合要求，扣 5～10 分<br>采用挂扣式钢脚手板时挂钩未挂扣在水平杆上或挂钩未处于锁住状态，每处扣 2 分 | 10 | | |
| 6 | | 交底与验收 | 架体搭设前未进行交底或交底未有文字记录，扣 5～10 分<br>架体分段搭设、分段使用未进行分段验收，扣 5 分<br>架体搭设完毕未办理验收手续，扣 10 分<br>验收内容未进行量化，或未经责任人签字确认，扣 5 分 | 10 | | |
| | | 小计 | | 60 | | |
| 7 | 一般项目 | 架体防护 | 架体外侧未采用密目式安全网封闭或网间连接不严，扣 5～10 分<br>作业层防护栏杆不符合规范要求，扣 5 分<br>作业层外侧未设置高度不小于 180mm 的挡脚板，扣 3 分<br>作业层脚手板下未采用安全平网兜底或作业层以下每隔 10m 未采用安全平网封闭，扣 5 分 | 10 | | |
| 8 | | 杆件连接 | 立杆竖向接长位置不符合要求，每处扣 2 分<br>剪刀撑的斜杆接长不符合要求，扣 8 分 | 10 | | |
| 9 | | 构配件材质 | 钢管、构配件的规格、型号、材质或产品质量不符合规范要求，扣 5 分<br>钢管弯曲、变形、锈蚀严重，扣 10 分 | 10 | | |
| 10 | | 通道 | 未设置人员上下专用通道，扣 10 分<br>通道设置不符合要求，扣 5 分 | 10 | | |
| | | 小计 | | 40 | | |
| | 检查项目合计 | | | 100 | | |

（5）满堂脚手架检查评分标准如表 7-8 所示。

表 7-8　满堂脚手架检查评分表

| 序号 | 检查项目 | | 扣 分 标 准 | 应得分数 | 扣减分数 | 实得分数 |
|---|---|---|---|---|---|---|
| 1 | 保证项目 | 施工方案 | 未编制专项施工方案或未进行设计计算,扣10分<br>专项施工方案未按规定审核、审批,扣10分 | 10 | | |
| 2 | | 架体基础 | 架体基础不平、不实,不符合专项施工方案要求,扣5~10分<br>架体底部未设置垫板或垫板的规格不符合规范要求,每处扣2~5分<br>架体底部未按规范要求设置底座,每处扣2分<br>架体底部未按规范要求设置扫地杆,扣5分<br>未采取排水措施,扣8分 | 10 | | |
| 3 | | 架体稳定 | 架体四周与中间未按规范要求设置竖向剪刀撑或专用斜杆,扣10分<br>未按规范要求设置水平剪刀撑或专用水平斜杆,扣10分<br>架体高宽比超过规范要求时未采取与结构拉结或其他可靠的稳定措施,扣10分 | 10 | | |
| 4 | | 杆件锁件 | 架体立杆间距、水平杆步距超过设计和规范要求,每处扣2分<br>杆件接长不符合要求,每处扣2分<br>架体搭设不牢或杆件节点紧固不符合要求,每处扣2分 | 10 | | |
| 5 | | 脚手板 | 脚手板不满铺或铺设不牢、不稳,扣5~10分<br>脚手板规格或材质不符合要求,扣5~10分<br>采用挂扣式钢脚手板时挂钩未挂扣在水平杆上或挂钩未处于锁住状态,每处扣2分 | 10 | | |
| 6 | | 交底与验收 | 架体搭设前未进行交底或交底未有文字记录,扣5~10分<br>架体分段搭设、分段使用未进行分段验收,扣5分<br>架体搭设完毕未办理验收手续,扣10分<br>验收内容未进行量化,或未经责任人签字确认,扣5分 | 10 | | |
| | | 小计 | | 60 | | |

续表

| 序号 | 检查项目 | | 扣 分 标 准 | 应得分数 | 扣减分数 | 实得分数 |
|------|---------|---|-----------|---------|---------|---------|
| 7 | 一般项目 | 架体防护 | 作业层防护栏杆不符合规范要求,扣 5 分<br>作业层外侧未设置高度不小于 180mm 的挡脚板,扣 3 分<br>作业层脚手板下未采用安全平网兜底或作业层以下每隔 10m 未采用安全平网封闭,扣 5 分 | 10 | | |
| 8 | | 构配件材质 | 钢管、构配件的规格、型号、材质或产品质量不符合规范要求,扣 5~10 分<br>杆件弯曲、变形、锈蚀严重,扣 10 分 | 10 | | |
| 9 | | 荷载 | 架体的施工荷载超过设计和规范要求,扣 10 分<br>荷载堆放不均匀,每处扣 5 分 | 10 | | |
| 10 | | 通道 | 未设置人员上下专用通道,扣 10 分<br>通道设置不符合要求,扣 5 分 | 10 | | |
| | | 小计 | | 40 | | |
| 检查项目合计 | | | | 100 | | |

(6) 悬挑式脚手架检查评分标准如表 7-9 所示。

表 7-9　悬挑式脚手架检查评分表

| 序号 | 检查项目 | | 扣 分 标 准 | 应得分数 | 扣减分数 | 实得分数 |
|------|---------|---|-----------|---------|---------|---------|
| 1 | 保证项目 | 施工方案 | 未编制专项施工方案或未进行设计计算,扣 10 分<br>专项施工方案未按规定审核、审批,扣 10 分<br>架体搭设超过规范允许高度,专项施工方案未按规定组织专家论证,扣 10 分 | 10 | | |
| 2 | | 悬挑钢梁 | 钢梁截面高度未按设计确定或截面形式不符合设计和规范要求,扣 10 分<br>钢梁固定段长度小于悬挑段长度的 1.25 倍,扣 5 分<br>钢梁外端未设置钢丝绳或钢拉杆与上一层建筑结构拉结,每处扣 2 分<br>钢梁与建筑结构锚固处结构强度、锚固措施不符合设计和规范要求,扣 5~10 分<br>钢梁间距未按悬挑架体立杆纵距设置,扣 5 分 | 10 | | |
| 3 | | 架体稳定 | 立杆底部与悬挑钢梁连接处未采取可靠固定措施,每处扣 2 分<br>承插式立杆接长未采取螺栓或销钉固定,每处扣 2 分<br>纵横向扫地杆的设置不符合规范要求,扣 5~10 分<br>未在架体外侧设置连续式剪刀撑,扣 10 分<br>未按规定设置横向斜撑,扣 5 分<br>架体未按规定与建筑结构拉结,每处扣 5 分 | 10 | | |

续表

| 序号 | 检查项目 | | 扣 分 标 准 | 应得分数 | 扣减分数 | 实得分数 |
|---|---|---|---|---|---|---|
| 4 | 保证项目 | 脚手板 | 脚手板规格、材质不符合要求,扣5~10分<br>脚手板未满铺或铺设不严、不牢、不稳,扣5~10分 | 10 | | |
| 5 | | 荷载 | 脚手架施工荷载超过设计规定,扣10分<br>施工荷载分布不均匀,每处扣5分 | 10 | | |
| 6 | | 交底与验收 | 架体搭设前未进行交底或交底未有文字记录,扣5~10分<br>架体分段搭设、分段使用未进行分段验收,扣6分<br>架体搭设完毕未办理验收手续,扣10分<br>验收内容未进行量化,或未经责任人签字确认,扣5分 | 10 | | |
| | | 小计 | | 60 | | |
| 7 | 一般项目 | 杆件间距 | 立杆间距、纵向水平杆步距超过设计或规范要求,每处扣2分<br>未在立杆与纵向水平杆交点处设置横向水平杆,每处扣2分<br>未按脚手板铺设的需要增加设置横向水平杆,每处扣2分 | 10 | | |
| 8 | | 架体防护 | 作业层防护栏杆不符合规范要求,扣5分<br>作业层架体外侧未设置高度不小于180mm的挡脚板,扣3分<br>架体外侧未采用密目式安全网封闭或网间不严,扣5~10分 | 10 | | |
| 9 | | 层间防护 | 作业层脚手板下未采用安全平网兜底或作业层以下每隔10m未采用安全平网封闭,扣5分<br>作业层与建筑物之间未进行封闭,扣5分<br>架体底层沿建筑结构边缘,悬挑钢梁与悬挑钢梁之间未采取封闭措施或封闭不严,扣2~8分<br>架体底层未进行封闭或封闭不严,扣2~10分 | 10 | | |
| 10 | | 构配件材质 | 型钢、钢管、构配件规格及材质不符合规范要求,扣5~10分<br>型钢、钢管、构配件弯曲、变形、锈蚀严重,扣10分 | 10 | | |
| | | 小计 | | 40 | | |
| | 检查项目合计 | | | 100 | | |

（7）附着式升降脚手架检查评分标准如表 7-10 所示。

表 7-10　附着式升降脚手架检查评分表

| 序号 | 检查项目 | | 扣 分 标 准 | 应得分数 | 扣减分数 | 实得分数 |
|---|---|---|---|---|---|---|
| 1 | | 施工方案 | 未编制专项施工方案或未进行设计计算,扣10分<br>专项施工方案未按规定审核、审批,扣10分<br>脚手架提升超过规定允许高度,专项施工方案未按规定组织专家论证,扣10分 | 10 | | |
| 2 | | 安全装置 | 未采用防坠落装置或技术性能不符合规范要求,扣10分<br>防坠落装置与升降设备未分别独立固定在建筑结构上,扣10分<br>防坠落装置未设置在竖向主框架处并与建筑结构附着,扣10分<br>未安装防倾覆装置或防倾覆装置不符合规范要求,扣5~10分<br>升降或使用工况下,最上和最下两个防倾覆装置之间的最小间距不符合规范要求,扣8分<br>未安装同步控制装置或技术性能不符合规范要求,扣5~8分 | 10 | | |
| 3 | 保证项目 | 架体构造 | 架体高度大于5倍楼层高,扣10分<br>架体宽度大于1.2m,扣5分<br>直线布置的架体支承跨度大于7m或折线、曲线布置的架体支承跨度大于5.4m,扣8分<br>架体的水平悬挑长度大于2m或大于跨度1/2,扣10分<br>架体悬臂高度大于架体高度2/5或大于6m,扣10分<br>架体全高与支撑跨度的乘积大于110m$^2$,扣10分 | 10 | | |
| 4 | | 附着支座 | 未按竖向主框架所覆盖的每个楼层设置一道附着支座,扣10分<br>使用工况下未将竖向主框架与附着支座固定,扣10分<br>升降工况下未将防倾覆、导向装置设置在附着支座上,扣10分<br>附着支座与建筑结构连接固定方式不符合规范要求,扣5~10分 | 10 | | |
| 5 | | 架体安装 | 主框架及水平支承桁架的节点未采用焊接或螺栓连接,扣10分<br>各杆件轴线未汇交于节点,扣3分<br>水平支承桁架的上弦及下弦之间设置的水平支撑杆件未采用焊接或螺栓连接,扣5分<br>架体立杆底端未设置在水平支承桁架上弦杆件节点处,扣10分<br>竖向主框架组装高度低于架体高度,扣5分<br>架体外立面设置的连续剪刀撑未将竖向主框架、水平支承桁架和架体构架连成一体,扣8分 | 10 | | |

续表

| 序号 | 检查项目 | | 扣 分 标 准 | 应得分数 | 扣减分数 | 实得分数 |
|---|---|---|---|---|---|---|
| 6 | 保证项目 | 架体升降 | 两跨以上架体升降采用手动升降设备,扣10分<br>升降工况下附着支座与建筑结构连接处混凝土强度未达到设计和规范要求,扣10分<br>升降工况下架体上有施工荷载或有人员停留,扣10分 | 10 | | |
| | | 小计 | | 60 | | |
| 7 | 一般项目 | 检查验收 | 主要构配件进场未进行验收,扣6分<br>分区段安装、分区段使用未进行分区段验收,扣8分<br>架体搭设完毕未办理验收手续,扣10分<br>验收内容未进行量化,或未经责任人签字确认,扣5分<br>架体提升前未有检查记录,扣6分<br>架体提升后,使用前未履行验收手续或资料不全,扣2~8分 | 10 | | |
| 8 | | 脚手板 | 脚手板未满铺或铺设不严、不牢,扣3~5分<br>作业层与建筑结构之间空隙封闭不严,扣3~5分<br>脚手板规格、材质不符合要求,扣5~10分 | 10 | | |
| 9 | | 架体防护 | 脚手架外侧未采用密目式安全网封闭或网间连接不严,扣5~10分<br>作业层防护栏杆不符合规范要求,扣5分<br>作业层未设置高度不小于180mm的挡脚板,扣3分 | 10 | | |
| 10 | | 安全作业 | 操作前未向有关技术人员和作业人员进行安全技术交底或交底未有文字记录,扣5~10分<br>作业人员未经培训或未定岗定责,扣5~10分<br>安装拆除单位资质不符合要求或特种作业人员未持证上岗,扣5~10分<br>安装、升降、拆除时未设置安全警戒区及专人监护,扣10分<br>荷载不均匀或超载,扣5~10分 | 10 | | |
| | | 小计 | | 40 | | |
| | 检查项目合计 | | | 100 | | |

（8）高处作业吊篮检查评分标准如表 7-11 所示。

**表 7-11　高处作业吊篮检查评分表**

| 序号 | 检查项目 | | 扣 分 标 准 | 应得分数 | 扣减分数 | 实得分数 |
|------|----------|--|-------------|----------|----------|----------|
| 1 | 保证项目 | 施工方案 | 未编制专项施工方案或未对吊篮支架支撑处结构的承载力进行验算,扣 10 分<br>专项施工方案未按规定审核、审批,扣 10 分 | 10 | | |
| 2 | | 安全装置 | 未安装防坠安全锁或安全锁失灵,扣 10 分<br>防坠安全锁超过标定期限仍在使用,扣 10 分<br>未设置挂设安全带专用安全绳及安全锁扣或安全绳未固定在建筑物可靠位置,扣 10 分<br>吊篮未安装上限位装置或限位装置失灵,扣 10 分 | 10 | | |
| 3 | | 悬挂机构 | 悬挂机构前支架支撑在建筑物女儿墙上或挑檐边缘,扣 10 分<br>前梁外伸长度不符合产品说明书规定,扣 10 分<br>前支架与支撑面不垂直或脚轮受力,扣 10 分<br>上支架未固定在前支架调节杆与悬挑梁连接的节点处,扣 5 分<br>使用破损的配重块或采用其他替代物,扣 10 分<br>配重块未固定或重量不符合设计规定,扣 10 分 | 10 | | |
| 4 | | 钢丝绳 | 钢丝绳有断丝、松股、硬弯、锈蚀或有油污附着物,扣 10 分<br>安全钢丝绳规格、型号与工作钢丝绳不相同或未独立悬挂,扣 10 分<br>安全钢丝绳不悬垂,扣 5 分<br>电焊作业时未对钢丝绳采取保护措施,扣 5～10 分 | 10 | | |
| 5 | | 安装作业 | 吊篮平台组装长度不符合产品说明书和规范要求,扣 10 分<br>吊篮组装的构配件不是同一生产厂家的产品,扣 5～10 分 | 10 | | |
| 6 | | 升降作业 | 操作升降人员未经培训合格,扣 10 分<br>吊篮内作业人员数量超过 2 人,扣 10 分<br>吊篮内作业人员未将安全带用安全锁扣挂置在独立设置的专用安全绳上,扣 10 分<br>作业人员未从地面进出吊篮,扣 5 分 | 10 | | |
| | | 小计 | | 60 | | |

续表

| 序号 | 检查项目 | | 扣分标准 | 应得分数 | 扣减分数 | 实得分数 |
|---|---|---|---|---|---|---|
| 7 | 一般项目 | 交底与验收 | 未履行验收程序,验收表未经责任人签字确认,扣5~10分<br>验收内容未进行量化,扣5分<br>每天班前班后未进行检查,扣5分<br>吊篮安装使用前未进行交底或交底未留有文字记录,扣5~10分 | 10 | | |
| 8 | | 安全防护 | 吊篮平台周边的防护栏杆或挡脚板的设置不符合规范要求,扣5~10分<br>多层或立体交叉作业未设置防护顶板,扣8分 | 10 | | |
| 9 | | 吊篮稳定 | 吊篮作业未采取防摆动措施,扣5分<br>吊篮钢丝绳不垂直或吊篮距建筑物空隙过大,扣5分 | 10 | | |
| 10 | | 荷载 | 施工荷载超过设计规定,扣10分<br>荷载分布不均匀,扣5分 | 10 | | |
| | | 小计 | | 40 | | |
| | 检查项目合计 | | | 100 | | |

## 4. 基坑工程

基坑工程检查评分标准如表7-12所示。

**表7-12 基坑工程检查评分表**

| 序号 | 检查项目 | | 扣分标准 | 应得分数 | 扣减分数 | 实得分数 |
|---|---|---|---|---|---|---|
| 1 | 保证项目 | 施工方案 | 基坑工程未编制专项施工方案,扣10分<br>专项施工方案未按规定审核、审批,扣10分<br>超过一定规模条件的基坑工程专项施工方案未按规定组织专家论证,扣10分<br>基坑周边环境或施工条件发生变化,专项施工方案未重新进行审核、审批,扣10分 | 10 | | |
| 2 | | 基坑支护 | 人工开挖的狭窄基槽,开挖深度较大或存在边坡塌方危险未采取支护措施,扣10分<br>自然放坡的坡率不符合专项施工方案和规范要求,扣10分<br>基坑支护结构不符合设计要求,扣10分<br>支护结构水平位移达到设计报警值未采取有效控制措施,扣10分 | 10 | | |
| 3 | | 降排水 | 基坑开挖深度范围内有地下水未采取有效的降排水措施,扣10分<br>基坑边沿周围地面未设排水沟或排水沟设置不符合规范要求,扣5分<br>放坡开挖对坡顶、坡面、坡脚未采取降排水措施,扣5~10分<br>基坑底四周未设排水沟和集水井或排除积水不及时,扣5~8分 | 10 | | |

| 序号 | 检查项目 | | 扣 分 标 准 | 应得分数 | 扣减分数 | 实得分数 |
|---|---|---|---|---|---|---|
| 4 | 保证项目 | 基坑开挖 | 支护结构未达到设计要求的强度提前开挖下层土方,扣10分<br>未按设计和施工方案的要求分层、分段开挖或开挖不均衡,扣10分<br>基坑开挖过程中未采取防止碰撞支护结构或工程桩的有效措施,扣10分<br>机械在软土场地作业,未采取铺设渣土、砂石等硬化措施,扣10分 | 10 | | |
| 5 | | 坑边荷载 | 基坑边堆置土、料具等荷载超过基坑支护设计允许要求,扣10分<br>施工机械与基坑边沿的安全距离不符合设计要求,扣10分 | 10 | | |
| 6 | | 安全防护 | 开挖深度2m及以上的基坑周边未按规范要求设置防护栏杆或栏杆设置不符合规范要求,扣5~10分<br>基坑内未设置供施工人员上下的专用梯道或梯道设置不符合规范要求,扣5~10分<br>降水井口未设置防护盖板或围栏,扣10分 | 10 | | |
| | | 小计 | | 60 | | |
| 7 | 一般项目 | 基坑监测 | 未按要求进行基坑工程监测,扣10分<br>基坑监测项目不符合设计和规范要求,扣5~10分<br>监测的时间间隔不符合监测方案要求或监测结果变化速率较大未加密观测次数,扣5~8分<br>未按设计要求提交监测报告或监测报告内容不完整,扣5~8分 | 10 | | |
| 8 | | 支撑拆除 | 基坑支撑结构的拆除方式、拆除顺序不符合专项施工方案要求,扣5~10分<br>机械拆除作业时,施工荷载大于支撑结构承载能力,扣10分<br>人工拆除作业时,未按规定设置防护设施,扣8分<br>采用非常规拆除方式,不符合国家现行相关规范要求,扣10分 | 10 | | |
| 9 | | 作业环境 | 基坑内土方机械、施工人员的安全距离不符合规范要求,扣10分<br>上下垂直作业未采取防护措施,扣5分<br>在各种管线范围内挖土作业未设专人监护,扣5分<br>作业区光线不良,扣5分 | 10 | | |
| 10 | | 应急预案 | 未按要求编制基坑工程应急预案或应急预案内容不完整,扣5~10分<br>应急组织机构不健全或应急物资、材料、机具储备不符合应急预案要求,扣2~6分 | 10 | | |
| | | 小计 | | 40 | | |
| | 检查项目合计 | | | 100 | | |

## 5. 模板支架

模板支架检查评分标准如表 7-13 所示。

表 7-13　模板支架检查评分表

| 序号 | 检查项目 | | 扣分标准 | 应得分数 | 扣减分数 | 实得分数 |
|---|---|---|---|---|---|---|
| 1 | 保证项目 | 施工方案 | 未编制专项施工方案或结构设计未经计算，扣 10 分<br>专项施工方案未经审核、审批，扣 10 分<br>超规模模板支架专项施工方案未按规定组织专家论证，扣 10 分 | 10 | | |
| 2 | | 支架基础 | 基础不坚实平整，承载力不符合专项施工方案要求，扣 5～10 分<br>支架底部未设置垫板或垫板的规格不符合规范要求，扣 5～10 分<br>支架底部未按规范要求设置底座，每处扣 2 分<br>未按规范要求设置扫地杆，扣 5 分<br>未采取排水设施，扣 5 分<br>支架设在楼面结构上时，未对楼面结构的承载力进行验算或楼面结构下方未采取加固措施，扣 10 分 | 10 | | |
| 3 | | 支架构造 | 立杆纵、横间距大于设计和规范要求，每处扣 2 分<br>水平杆步距大于设计和规范要求，每处扣 2 分<br>水平杆未连续设置，扣 5 分<br>未按规范要求设置竖向剪刀撑或专用斜杆，扣 10 分<br>未按规范要求设置水平剪刀撑或专用水平斜杆，扣 10 分<br>剪刀撑或斜杆设置不符合规范要求，扣 5 分 | 10 | | |
| 4 | | 支架稳定 | 支架高宽比超过规范要求未采取与建筑结构刚性连接或增加架体宽度等措施，扣 10 分<br>立杆伸出顶层水平杆的长度超过规范要求，每处扣 2 分<br>浇筑混凝土未对支架的基础沉降、架体变形采取监测措施，扣 8 分 | 10 | | |
| 5 | | 施工荷载 | 荷载分布不均匀，每处扣 5 分<br>施工荷载超过设计规定，扣 10 分<br>浇筑混凝未对混凝土堆积高度进行控制，扣 8 分 | 10 | | |
| 6 | | 交底与验收 | 支架搭设、拆除前未进行交底或无文字记录，扣 5～10 分<br>架体搭设完毕未办理验收手续，扣 10 分<br>验收内容未进行量化，或未经责任人签字确认，扣 5 分 | 10 | | |
| | 小计 | | | 60 | | |

| 序号 | 检查项目 | | 扣 分 标 准 | 应得分数 | 扣减分数 | 实得分数 |
|---|---|---|---|---|---|---|
| 7 | 一般项目 | 杆件连接 | 立杆连接不符合规范要求,扣3分<br>水平杆连接不符合规范要求,扣3分<br>剪刀撑斜杆接长不符合规范要求,每处扣3分<br>杆件各连接点的紧固不符合规范要求,每处扣2分 | 10 | | |
| 8 | | 底座与托撑 | 螺杆直径与立杆内径不匹配,每处扣3分<br>螺杆旋入螺母内的长度或外伸长度不符合规范要求,每处扣3分 | 10 | | |
| 9 | | 构配件材质 | 钢管、构配件的规格、型号、材质不符合规范要求,扣5~10分<br>杆件弯曲、变形、锈蚀严重,扣10分 | 10 | | |
| 10 | | 支架拆除 | 支架拆除前未确认混凝土强度达到设计要求,扣10分<br>未按规定设置警戒区或未设置专人监护,扣5~10分 | 10 | | |
| | | 小计 | | 40 | | |
| | 检查项目合计 | | | 100 | | |

## 6. 高处作业

高处作业检查评分标准如表7-14所示。

### 表7-14　高处作业检查评分表

| 序号 | 检查项目 | 扣 分 标 准 | 应得分数 | 扣减分数 | 实得分数 |
|---|---|---|---|---|---|
| 1 | 安全帽 | 施工现场人员未佩戴安全帽,每人扣5分<br>未按标准佩戴安全帽,每人扣2分<br>安全帽质量不符合现行国家相关标准的要求,扣5分 | 10 | | |
| 2 | 安全网 | 在建工程外脚手架架体外侧未采用密目式安全网封闭或网间连接不严,扣2~10分<br>安全网质量不符合现行国家相关标准的要求,扣10分 | 10 | | |
| 3 | 安全带 | 高处作业人员未按规定系挂安全带,每人扣5分<br>安全带系挂不符合要求,每人扣5分<br>安全带质量不符合现行国家相关标准的要求,扣10分 | 10 | | |
| 4 | 临边防护 | 工作面边沿无临边防护,扣10分<br>临边防护设施的构造、强度不符合规范要求,扣5分<br>防护设施未形成定型化、工具式,扣3分 | 10 | | |
| 5 | 洞口防护 | 在建工程的孔、洞未采取防护措施,每处扣5分<br>防护措施、设施不符合要求或不严密,每处扣3分<br>防护设施未形成定型化、工具式,扣3分<br>电梯井内未按每隔两层且不大于10m设置安全平网,扣5分 | 10 | | |

续表

| 序号 | 检查项目 | 扣 分 标 准 | 应得分数 | 扣减分数 | 实得分数 |
|------|----------|-------------|----------|----------|----------|
| 6 | 通道口防护 | 未搭设防护棚或防护不严、不牢固,扣5~10分<br>防护棚两侧未进行封闭,扣4分<br>防护棚宽度小于通道口宽度,扣4分<br>防护棚长度不符合要求,扣4分<br>建筑物高度超过24m,防护棚顶未采用双层防护,扣4分<br>防护棚的材质不符合规范要求,扣5分 | 10 | | |
| 7 | 攀登作业 | 移动式梯子的梯脚底部垫高使用,扣3分<br>折梯未使用可靠拉撑装置,扣5分<br>梯子的材质或制作质量不符合规范要求,扣10分 | 10 | | |
| 8 | 悬空作业 | 悬空作业处未设置防护栏杆或其他可靠的安全设施,扣5~10分<br>悬空作业所用的索具、吊具等未经验收,扣5分<br>悬空作业人员未系挂安全带或配带工具袋,扣2~10分 | 10 | | |
| 9 | 移动式操作平台 | 操作平台未按规定进行设计计算,扣8分<br>移动式操作平台,轮子与平台的连接不牢固可靠或立柱底端距离地面超过80mm,扣5分<br>操作平台的组装不符合设计和规范要求,扣10分<br>平台台面铺板不严,扣5分<br>操作平台四周未按规定设置防护栏杆或未设置登高扶梯,扣10分<br>操作平台的材质不符合规范要求,扣10分 | 10 | | |
| 10 | 悬挑式物料钢平台 | 未编制专项施工方案或未经设计计算,扣10分<br>悬挑式钢平台的下部支撑系统或上部拉结点,未设置在建筑结构上,扣10分<br>斜拉杆或钢丝绳未按要求在平台两侧各设置两道,扣10分<br>钢平台未按要求设置固定的防护栏杆或挡脚板,扣3~10分<br>钢平台台面铺板不严或钢平台与建筑结构之间铺板不严,扣5分<br>未在平台明显处设置荷载限定标牌,扣5分 | 10 | | |
| | 检查项目合计 | | 100 | | |

### 7. 施工用电

施工用电检查评分标准如表 7-15 所示。

表 7-15 施工用电检查评分表

| 序号 | 检查项目 | | 扣 分 标 准 | 应得分数 | 扣减分数 | 实得分数 |
|---|---|---|---|---|---|---|
| 1 | 保证项目 | 外电防护 | 外电线路与在建工程及脚手架、起重机械、场内机动车道之间的安全距离不符合规范要求且未采取防护措施,扣 10 分<br>防护设施未设置明显的警示标志,扣 5 分<br>防护设施与外电线路的安全距离及搭设方式不符合规范要求,扣 5～10 分<br>在外电架空线路正下方施工、建造临时设施或堆放材料物品,扣 10 分 | 10 | | |
| 2 | | 接地与接零保护系统 | 施工现场专用的电源中性点直接接地的低压配电系统未采用 TN-S 接零保护系统,扣 20 分<br>配电系统未采用同一保护系统,扣 20 分<br>保护零线引出位置不符合规范要求,扣 5～10 分<br>电气设备未接保护零线,每处扣 2 分<br>保护零线装设开关、熔断器或通过工作电流,扣 20 分<br>保护零线材质、规格及颜色标记不符合规范要求,每处扣 2 分<br>工作接地与重复接地的设置、安装及接地装置的材料不符合规范要求,扣 10～20 分<br>工作接地电阻大于 4Ω,重复接地电阻大于 10Ω,扣 20 分<br>施工现场起重机、物料提升机、施工升降机、脚手架防雷措施不符合规范要求,扣 5～10 分<br>做防雷接地机械上的电气设备,保护零线未做重复接地,扣 10 分 | 20 | | |
| 3 | | 配电线路 | 线路及接头不能保证机械强度和绝缘强度,扣 5～10 分<br>线路未设短路、过载保护,扣 5～10 分<br>线路截面不能满足负荷电流,每处扣 2 分<br>线路的设施、材料及相序排列、档距、与邻近线路或固定物的距离不符合规范要求,扣 5～10 分<br>电缆沿地面明设,沿脚手架、树木等敷设或敷设不符合规范要求,扣 5～10 分<br>线路敷设的电缆不符合规范要求,扣 5～10 分<br>室内明敷主干线距地面高度小于 2.5m,每处扣 2 分 | 10 | | |

续表

| 序号 | 检查项目 | | 扣 分 标 准 | 应得分数 | 扣减分数 | 实得分数 |
|---|---|---|---|---|---|---|
| 4 | 保证项目 | 配电箱与开关箱 | 配电系统未采用三级配电、二级漏电保护系统,扣10~20分<br>用电设备未有各自专用的开关箱,每处扣2分<br>箱体结构、箱内电器设置不符合规范要求,扣10~20分<br>配电箱零线端子板的设置、连接不符合规范要求,扣5~10分<br>漏电保护器参数不匹配或检测不灵敏,每处扣2分<br>配电箱与开关箱电器损坏或进出线混乱,每处扣2分<br>箱体未设置系统接线图和分路标记,每处扣2分<br>箱体未设门、锁、未采取防雨措施,每处扣2分<br>箱体安装位置、高度及周边通道不符合规范要求,每处扣2分<br>分配电箱与开关箱、开关箱与用电设备的距离不符合规范要求,每处扣2分 | 20 | | |
| | | 小计 | | 60 | | |
| 5 | 一般项目 | 配电室与配电装置 | 配电室建筑耐火等级未达到三级,扣15分<br>未配置适用于电气火灾的灭火器材,扣3分<br>配电室、配电装置布设不符合规范要求,扣5~10分<br>配电装置中的仪表、电气元件设置不符合规范要求或仪表、电气元件损坏,扣5~10分<br>备用发电机组未与外电线路进行联锁,扣15分<br>配电室未采取防雨雪和防小动物侵入的措施,扣10分<br>配电室未设警示标志、工地供电平面图和系统图,扣3~5分 | 15 | | |
| 6 | | 现场照明 | 照明用电与动力用电混用,每处扣2分<br>特殊场所未使用36V及以下安全电压,扣15分<br>手持照明灯未使用36V以下电源供电,扣10分<br>照明变压器未使用双绕组安全隔离变压器,扣15分<br>灯具金属外壳未接保护零线,每处扣2分<br>灯具与地面、易燃物之间小于安全距离,每处扣2分<br>照明线路和安全电压线路的架设不符合规范要求,扣10分<br>施工现场未按规范要求配备应急照明设备,每处扣2分 | 15 | | |

续表

| 序号 | 检查项目 | | 扣 分 标 准 | 应得分数 | 扣减分数 | 实得分数 |
|---|---|---|---|---|---|---|
| 7 | 一般项目 | 用电档案 | 　　总包单位与分包单位未订立临时用电管理协议,扣 10 分<br>　　未制订专项用电施工组织设计、外电防护专项方案或设计、方案缺乏针对性,扣 5~10 分<br>　　专项用电施工组织设计、外电防护专项方案未履行审批程序,实施后相关部门未组织验收,扣 5~10 分<br>　　接地电阻、绝缘电阻和漏电保护器检测记录未填写或填写不真实,扣 3 分<br>　　安全技术交底、设备设施验收记录未填写不真实,扣 3 分<br>　　定期巡视检查记录、隐患整改记录未填写或填写不真实,扣 3 分<br>　　档案资料不齐全,未设专人管理,扣 3 分 | 10 | | |
| | | 小计 | | 40 | | |
| 检查项目合计 | | | | 100 | | |

## 8. 物料提升机与施工升降机

(1) 物料提升机检查评分标准如表 7-16 所示。

表 7-16　物料提升机检查评分表

| 序号 | 检查项目 | | 扣 分 标 准 | 应得分数 | 扣减分数 | 实得分数 |
|---|---|---|---|---|---|---|
| 1 | 保证项目 | 安全装置 | 　　未安装起重量限制器、防坠安全器,扣 15 分<br>　　起重量限制器、防坠安全器不灵敏,扣 15 分<br>　　安全停层装置不符合规范要求或未达到定型化,扣 5~10 分<br>　　未安装上行程限位,扣 15 分<br>　　上行程限位不灵敏,安全越程不符合规范要求,扣 10 分<br>　　物料提升机安装高度超过 30m,未安装渐进式防坠安全器、自动停层、语音及影像信号监控装置,每项扣 5 分 | 15 | | |
| 2 | | 防护设施 | 　　未设置防护围栏或设置不符合规范要求,扣 5~15 分<br>　　未设置进料口防护棚或设置不符合规范要求,扣 5~15 分<br>　　停层平台两侧未设置防护栏杆、挡脚板,每处扣 2 分<br>　　停层平台脚手板铺设不严、不牢,每处扣 2 分<br>　　未安装平台门或平台门不起作用,扣 5~15 分<br>　　平台门未达到定型化,每处扣 2 分<br>　　吊笼门不符合规范要求,扣 10 分 | 15 | | |

| 序号 | 检查项目 | | 扣分标准 | 应得分数 | 扣减分数 | 实得分数 |
|---|---|---|---|---|---|---|
| 3 | 保证项目 | 附墙架与缆风绳 | 附墙架结构、材质、间距不符合产品说明书要求，扣10分<br>附墙架未与建筑结构可靠连接，扣10分<br>缆风绳设置数量、位置不符合规范要求，扣5分<br>缆风绳未使用钢丝绳或未与地锚连接，扣10分<br>钢丝绳直径小于8mm或角度不符合45°～60°要求，扣5～10分<br>安装高度超过30m的物料提升机使用缆风绳，扣10分<br>地锚设置不符合规范要求，每处扣5分 | 10 | | |
| 4 | | 钢丝绳 | 钢丝绳磨损、变形、锈蚀达到报废标准，扣10分<br>钢丝绳绳夹设置不符合规范要求，每处扣2分<br>吊笼处于最低位置，卷筒上钢丝绳少于3圈，扣10分<br>未设置钢丝绳过路保护措施或钢丝绳拖地，扣5分 | 10 | | |
| 5 | | 安拆、验收与使用 | 安装、拆卸单位未取得专业承包资质和安全生产许可证，扣10分<br>未制订专项施工方案或未经审核、审批，扣10分<br>未履行验收程序或验收表未经责任人签字，扣5～10分<br>安装、拆除人员及司机未持证上岗，扣10分<br>物料提升机作业前未按规定进行例行检查或未填写检查记录，扣4分<br>实行多班作业未按规定填写交接班记录，扣3分 | 10 | | |
| | | 小计 | | 60 | | |
| 6 | 一般项目 | 基础与导轨架 | 基础的承载力、平整度不符合规范要求，扣5～10分<br>基础周边未设排水设施，扣5分<br>导轨架垂直度偏差大于导轨架高度的0.15%，扣5分<br>井架停层平台通道处的结构未采取加强措施，扣8分 | 10 | | |
| 7 | | 动力与传动 | 卷扬机、曳引机安装不牢固，扣10分<br>卷筒与导轨架底部导向轮的距离小于20倍卷筒宽度未设置排绳器，扣5分<br>钢丝绳在卷筒上排列不整齐，扣5分<br>滑轮与导轨架、吊笼未采用刚性连接，扣10分<br>滑轮与钢丝绳不匹配，扣10分<br>卷筒、滑轮未设置防止钢丝绳脱出装置，扣5分<br>曳引钢丝绳为2根及以上时，未设置曳引力平衡装置，扣5分 | 10 | | |
| 8 | | 通信装置 | 未按规范要求设置通信装置，扣5分<br>通信装置信号显示不清晰，扣3分 | 5 | | |

| 序号 | 检查项目 | | 扣 分 标 准 | 应得分数 | 扣减分数 | 实得分数 |
|---|---|---|---|---|---|---|
| 9 | 一般项目 | 卷扬机操作棚 | 未设置卷扬机操作棚,扣10分<br>操作棚搭设不符合规范要求,扣5~10分 | 10 | | |
| 10 | | 避雷装置 | 物料提升机在其他防雷保护范围以外未设置避雷装置,扣5分<br>避雷装置不符合规范要求,扣3分 | 5 | | |
| | | 小计 | | 40 | | |
| | 检查项目合计 | | | 100 | | |

（2）施工升降机检查评分标准如表7-17所示。

表7-17　施工升降机检查评分表

| 序号 | 检查项目 | | 扣 分 标 准 | 应得分数 | 扣减分数 | 实得分数 |
|---|---|---|---|---|---|---|
| 1 | 保证项目 | 安全装置 | 未安装起重量限制器或起重量限制器不灵敏,扣10分<br>未安装渐进式防坠安全器或防坠安全器不灵敏,扣10分<br>防坠安全器超过有效标定期限,扣10分<br>对重钢丝绳未安装防松绳装置或防松绳装置不灵敏,扣5分<br>未安装急停开关或急停开关不符合规范要求,扣5分<br>未安装吊笼和对重缓冲器或缓冲器不符合规范要求,扣5分<br>SC型施工升降机未安装安全钩,扣10分 | 10 | | |
| 2 | | 限位装置 | 未安装极限开关或极限开关不灵敏,扣10分<br>未安装上限位开关或上限位开关不灵敏,扣10分<br>未安装下限位开关或下限位开关不灵敏,扣5分<br>极限开关与上限位开关安全越程不符合规范要求,扣5分<br>极限开关与上、下限位开关共用一个触发元件,扣5分<br>未安装吊笼门机电连锁装置或不灵敏,扣10分<br>未安装吊笼顶窗电气安全开关或不灵敏,扣5分 | 10 | | |
| 3 | | 防护设施 | 未设置地面防护围栏或设置不符合规范要求,扣5~10分<br>未安装地面防护围栏门联锁保护装置或联锁保护装置不灵敏,扣5~8分<br>未设置出入口防护棚或设置不符合规范要求,扣5~10分<br>停层平台搭设不符合规范要求,扣5~8分<br>未安装层门或层门不起作用,扣5~10分<br>层门不符合规范要求、未达到定型化,每处扣2分 | 10 | | |

续表

| 序号 | 检查项目 | | 扣分标准 | 应得分数 | 扣减分数 | 实得分数 |
|---|---|---|---|---|---|---|
| 4 | 保证项目 | 附墙架 | 附墙架采用非配套标准产品未进行设计计算,扣10分<br>附墙架与建筑结构连接方式、角度不符合产品说明书要求,扣5～10分<br>附墙架间距、最高附着点以上导轨架的自由高度超过产品说明书要求,扣10分 | 10 | | |
| 5 | | 钢丝绳、滑轮与对重 | 对重钢丝绳数量少于两根或未相对独立,扣5分<br>钢丝绳磨损、变形、锈蚀达到报废标准,扣10分<br>钢丝绳的规格、固定不符合产品说明书及规范要求,扣10分<br>滑轮未安装钢丝绳防脱装置或不符合规范要求,扣4分<br>对重重量、固定不符合产品说明书及规范要求,扣10分<br>对重未安装防脱轨保护装置,扣5分 | 10 | | |
| 6 | | 安拆、验收与使用 | 安装、拆卸单位未取得专业承包资质和安全生产许可证,扣10分<br>未编制安装、拆卸专项方案或专项方案未经审核、审批,扣10分<br>未履行验收程序或验收表未经责任人签字,扣5～10分<br>安装、拆除人员及司机未持证上岗,扣10分<br>施工升降机作业前未按规定进行例行检查,未填写检查记录,扣4分<br>实行多班作业未按规定填写交接班记录,扣3分 | 10 | | |
| | | 小计 | | 60 | | |
| 7 | 一般项目 | 导轨架 | 导轨架垂直度不符合规范要求,扣10分<br>标准节质量不符合产品说明书及规范要求,扣10分<br>对重导轨不符合规范要求,扣5分<br>标准节连接螺栓使用不符合产品说明书及规范要求,扣5～8分 | 10 | | |
| 8 | | 基础 | 基础制作、验收不符合产品说明书及规范要求,扣5～10分<br>基础设置在地下室顶板或楼面结构上,未对其支承结构进行承载力验算,扣10分<br>基础未设置排水设施,扣4分 | 10 | | |
| 9 | | 电气安全 | 施工升降机与架空线路距离不符合规范要求,未采取防护措施,扣10分<br>防护措施不符合规范要求,扣5分<br>未设置电缆导向架或设置不符合规范要求,扣5分<br>施工升降机在防雷保护范围以外未设置避雷装置,扣10分<br>避雷装置不符合规范要求,扣5分 | 10 | | |
| 10 | | 通信装置 | 未安装楼层信号联络装置,扣10分<br>楼层联络信号不清晰,扣5分 | 10 | | |
| | | 小计 | | 40 | | |
| | 检查项目合计 | | | 100 | | |

### 9. 塔式起重机与起重吊装

（1）塔式起重机检查评分标准如表 7-18 所示。

表 7-18　塔式起重机检查评分表

| 序号 | 检查项目 | | 扣分标准 | 应得分数 | 扣减分数 | 实得分数 |
|---|---|---|---|---|---|---|
| 1 | 保证项目 | 载荷限制装置 | 未安装起重量限制器或不灵敏,扣 10 分<br>未安装力矩限制器或不灵敏,扣 10 分 | 10 | | |
| 2 | | 行程限位装置 | 未安装起升高度限位器或不灵敏,扣 10 分<br>起升高度限位器的安全越程不符合规范要求,扣 6 分<br>未安装幅度限位器或不灵敏,扣 10 分<br>回转不设集电器的塔式起重机未安装回转限位器或不灵敏,扣 6 分<br>行走式塔式起重机未安装行走限位器或不灵敏,扣 10 分 | 10 | | |
| 3 | | 保护装置 | 小车变幅的塔式起重机未安装断绳保护及断轴保护装置,扣 8 分<br>行走及小车变幅的轨道行程末端未安装缓冲器及止挡装置或不符合规范要求,扣 4～8 分<br>起重臂根部绞点高度大于 50m 的塔式起重机未安装风速仪或不灵敏,扣 4 分<br>塔式起重机顶部高度大于 30m 且高于周围建筑物未安装障碍指示灯,扣 4 分 | 10 | | |
| 4 | | 吊钩、滑轮、卷筒与钢丝绳 | 吊钩未安装钢丝绳防脱钩装置或不符合规范要求,扣 10 分<br>吊钩磨损、变形达到报废标准,扣 10 分<br>滑轮、卷筒未安装钢丝绳防脱装置或不符合规范要求,扣 4 分<br>滑轮及卷筒磨损达到报废标准,扣 10 分<br>钢丝绳磨损、变形、锈蚀达到报废标准,扣 10 分<br>钢丝绳的规格、固定、缠绕不符合产品说明书及规范要求,扣 5～10 分 | 10 | | |
| 5 | | 多塔作业 | 多塔作业未制订专项施工方案或施工方案未经审批,扣 10 分<br>任意两台塔式起重机之间的最小架设距离不符合规范要求,扣 10 分 | 10 | | |
| 6 | | 安拆、验收与使用 | 安装、拆卸单位未取得专业承包资质和安全生产许可证,扣 10 分<br>未制定安装、拆卸专项方案,扣 10 分<br>方案未经审核、审批,扣 10 分<br>未履行验收程序或验收表未经责任人签字,扣 5～10 分<br>安装、拆除人员及司机、指挥未持证上岗,扣 10 分<br>塔式起重机作业前未按规定进行例行检查,未填写检查记录,扣 4 分<br>实行多班作业未按规定填写交接班记录,扣 3 分 | 10 | | |
| | | 小计 | | 60 | | |

续表

| 序号 | 检查项目 | | 扣 分 标 准 | 应得分数 | 扣减分数 | 实得分数 |
|---|---|---|---|---|---|---|
| 7 | 一般项目 | 附着 | 塔式起重机高度超过规定未安装附着装置,扣10分<br>附着装置水平距离不满足产品说明书要求,未进行设计计算和审批,扣8分<br>安装内爬式塔式起重机的建筑承载结构未进行承载力验算,扣8分<br>附着装置安装不符合产品说明书及规范要求,扣5~10分<br>附着前和附着后塔身垂直度不符合规范要求。扣10分 | 10 | | |
| 8 | | 基础与轨道 | 塔式起重机基础未按产品说明书及有关规定设计、检测、验收,扣5~10分<br>基础未设置排水措施,扣4分<br>路基箱或枕木铺设不符合产品说明书及规范要求,扣6分<br>轨道铺设不符合产品说明书及规范要求,扣6分 | 10 | | |
| 9 | | 结构设施 | 主要结构件的变形、锈蚀不符合规范要求,扣10分<br>平台、走道、梯子、护栏的设置不符合规范要求,扣4~8分<br>高强螺栓、销轴、紧固件的紧固、连接不符合规范要求,扣5~10分 | 10 | | |
| 10 | | 电气安全 | 未采用 TN-S 接零保护系统供电,扣10分<br>塔式起重机与架空线路安全距离不符合规范要求,未采取防护措施,扣10分<br>防护措施不符合规范要求,扣5分<br>未安装防雷接地装置,扣10分<br>防雷接地装置不符合规范要求,扣5分<br>电缆使用及固定不符合规范要求,扣5分 | 10 | | |
| | | 小计 | | 40 | | |
| | 检查项目合计 | | | 100 | | |

(2) 起重吊装检查评分标准如表 7-19 所示。

表 7-19 起重吊装检查评分表

| 序号 | 检查项目 | | 扣 分 标 准 | 应得分数 | 扣减分数 | 实得分数 |
|---|---|---|---|---|---|---|
| 1 | 保证项目 | 施工方案 | 未编制专项施工方案或专项施工方案未经审核、审批,扣10分<br>超规模的起重吊装专项施工方案未按规定组织专家论证,扣10分 | 10 | | |

| 序号 | 检查项目 | | 扣 分 标 准 | 应得分数 | 扣减分数 | 实得分数 |
|---|---|---|---|---|---|---|
| 2 | 保证项目 | 起重机械 | 未安装荷载限制装置或不灵敏,扣10分<br>未安装行程限位装置或不灵敏,扣10分<br>起重拔杆组装不符合设计要求,扣10分<br>起重拔杆组装后未履行验收程序或验收表无责任人签字,扣5~10分 | 10 | | |
| 3 | | 钢丝绳与地锚 | 钢丝绳磨损、断丝、变形、锈蚀达到报废标准,扣10分<br>钢丝绳规格不符合起重机产品说明书要求,扣10分<br>吊钩、卷筒、滑轮磨损达到报废标准,扣10分<br>吊钩、卷筒、滑轮未安装钢丝绳防脱装置,扣5~10分<br>起重拔杆的缆风绳、地锚设置不符合设计要求,扣8分 | 10 | | |
| 4 | | 索具 | 索具采用编结连接时,编结部分的长度不符合规范要求,扣10分<br>索具采用绳夹连接时,绳夹的规格、数量及绳夹间距不符合规范要求,扣5~10分<br>索具安全系数不符合规范要求,扣10分<br>吊索规格不匹配或机械性能不符合设计要求,扣5~10分 | 10 | | |
| 5 | | 作业环境 | 起重机行走作业处地面承载能力不符合产品说明书要求或未采用有效加固措施,扣10分<br>起重机与架空线路安全距离不符合规范要求,扣10分 | 10 | | |
| 6 | | 作业人员 | 起重机司机无证操作或操作证与操作机型不符,扣5~10分<br>未设置专职信号指挥和司索人员,扣10分<br>作业前未按规定进行安全技术交底或交底未形成文字记录,扣5~10分 | 10 | | |
| | 小计 | | | 60 | | |
| 7 | 一般项目 | 起重吊装 | 多台起重机同时起吊一个构件时,单台起重机所承受的荷载不符合专项施工方案要求,扣10分<br>吊索系挂点不符合专项施工方案要求,扣5分<br>起重机作业时起重臂下有人停留或吊运重物从人的正上方通过,扣10分<br>起重机吊具载运人员,扣10分<br>吊运易散落物件不使用吊笼,扣6分 | 10 | | |
| 8 | | 高处作业 | 未按规定设置高处作业平台,扣10分<br>高处作业平台设置不符合规范要求,扣5~10分<br>未按规定设置爬梯或爬梯的强度、构造不符合规范要求,扣5~8分<br>未按规定设置安全带悬挂点,扣8分 | 10 | | |

续表

| 序号 | 检查项目 | | 扣 分 标 准 | 应得分数 | 扣减分数 | 实得分数 |
|---|---|---|---|---|---|---|
| 9 | 一般项目 | 构件码放 | 构件码放荷载超过作业面承载能力,扣10分<br>构件码放高度超过规定要求,扣4分<br>大型构件码放无稳定措施,扣8分 | 10 | | |
| 10 | | 警戒监护 | 未按规定设置作业警戒区,扣10分<br>警戒区未设专人监护,扣5分 | 10 | | |
| | | 小计 | | 40 | | |
| | 检查项目合计 | | | 100 | | |

## 10. 施工机具

施工机具检查评分标准如表7-20所示。

**表7-20 施工机具检查评分表**

| 序号 | 检查项目 | 扣 分 标 准 | 应得分数 | 扣减分数 | 实得分数 |
|---|---|---|---|---|---|
| 1 | 平刨 | 平刨安装后未履行验收程序,扣5分<br>未设置护手安全装置,扣5分<br>传动部位未设置防护罩,扣5分<br>未作保护接零或未设置漏电保护器,扣10分<br>未设置安全作业棚,扣6分<br>使用多功能木工机具,扣10分 | 10 | | |
| 2 | 圆盘锯 | 圆盘锯安装后未履行验收程序,扣5分<br>未设置锯盘护罩、分料器、防护挡板安全装置和传动部位未设置防护罩,每处扣3分<br>未作保护接零或未设置漏电保护器,扣10分<br>未设置安全作业棚,扣6分<br>使用多功能木工机具,扣10分 | 10 | | |
| 3 | 手持电动工具 | Ⅰ类手持电动工具(Ⅰ类工具指在防止触电方面除依靠基本绝缘外,还采用保护接零的工具)未采取保护接零或未设置漏电保护器,扣8分<br>使用Ⅰ类手持电动工具不按规定穿戴绝缘用品,扣6分<br>手持电动工具随意接长电源线,扣4分 | 8 | | |
| 4 | 钢筋机械 | 机械安装后未履行验收程序,扣5分<br>未作保护接零或未设置漏电保护器,扣10分<br>钢筋加工区未设置作业棚,钢筋对焊作业区未采取防止火花飞溅措施或冷拉作业区未设置防护栏板,每处扣5分<br>传动部位未设置防护罩,扣5分 | 10 | | |
| 5 | 电焊机 | 电焊机安装后未履行验收程序,扣5分<br>未作保护接零或未设置漏电保护器,扣10分<br>未设置二次空载降压保护器,扣10分<br>一次线长度超过规定或未进行穿管保护,扣3分<br>二次线未采用防水橡皮护套铜芯软电缆,扣10分<br>二次线长度超过规定或绝缘层老化,扣3分<br>电焊机未设置防雨罩或接线柱未设置防护罩,扣5分 | 10 | | |

| 序号 | 检查项目 | 扣分标准 | 应得分数 | 扣减分数 | 实得分数 |
|---|---|---|---|---|---|
| 6 | 搅拌机 | 搅拌机安装后未履行验收程序,扣5分<br>未作保护接零或未设置漏电保护器,扣10分<br>离合器、制动器、钢丝绳达不到规定要求,每项扣5分<br>上料斗未设置安全挂钩或止挡装置,扣5分<br>传动部位未设置防护罩,扣4分<br>未设置安全作业棚,扣6分 | 10 | | |
| 7 | 气瓶 | 气瓶未安装减压器,扣8分<br>乙炔瓶未安装回火防止器,扣8分<br>气瓶间距小于5m或与明火距离小于10m未采取隔离措施,扣8分<br>气瓶未设置防振圈和防护帽,扣2分<br>气瓶存放不符合要求,扣4分 | 8 | | |
| 8 | 翻斗车 | 翻斗车制动、转向装置不灵敏,扣5分<br>驾驶员无证操作,扣8分<br>行车载人或违章行车,扣8分 | 8 | | |
| 9 | 潜水泵 | 未作保护接零或未设置漏电保护器,扣6分<br>负荷线未使用专用防水橡皮电缆,扣6分<br>负荷线有接头,扣3分 | 6 | | |
| 10 | 振捣器 | 未作保护接零或未设置漏电保护器,扣8分<br>未使用移动式配电箱,扣4分<br>电缆线长度超过30m,扣4分<br>操作人员未穿戴绝缘防护用品,扣8分 | 8 | | |
| 11 | 桩工机械 | 机械安装后未履行验收程序,扣10分<br>作业前未编制专项施工方案或未按规定进行安全技术交底,扣10分<br>安全装置不齐全或不灵敏,扣10分<br>机械作业区域地面承载力不符合规定要求或未采取有效硬化措施,扣12分<br>机械与输电线路安全距离不符合规范要求,扣12分 | 12 | | |
| | 检查项目合计 | | 100 | | |

## 第二节　安全资料管理

### 一、安全资料管理的总体要求

（1）施工现场安全资料必须按标准整理，做到真实、准确、齐全。

（2）施工现场安全资料由施工总承包方负责组织收集、整理。

（3）施工现场安全资料应按照"文明安全工地"的要求分别进行汇总、归档。

（4）施工现场安全资料作为工程文明施工考核的重要依据必须真实可靠。

（5）施工现场安全检查应按照"建筑施工安全检查评分汇总表"（表 7-1）的十个方面进行打分，工程项目经理部每 10 天进行一次检查，公司每月进行一次检查，并有检查记录，记录内容包括：检查时间、参加人员、发现问题和隐患、整改负责人及期限、复查情况。

## 二、现场管理资料的内容

（1）施工组织设计。要求：要有审批表，编制人、审批人需签字，审批部门要盖章。

（2）施工组织设计变更手续。要求：要经审批人审批。

（3）季节施工方案（冬雨期施工）审批手续。要求：要有审批手续。

（4）现场文明安全施工管理组织机构及责任划分。要求：要有相应的现场责任区划分图和标识。

（5）施工日志（项目经理、工长）。

（6）现场管理自检记录、月检记录。

（7）重大问题整改记录。

（8）职工应知应会考核情况和样卷。要求：有批改和分数。

## 三、安全管理资料的内容

（1）总包与分包的合同书、现场管理和安全协议书及责任划分。要求：要有安全生产的条款，双方要盖章和签字。

（2）从项目经理到一线生产工人的安全生产责任制度。要求：要有部门和个人的岗位安全生产责任制。

（3）基础、结构、装修等工程有针对性的安全措施方案。要求：要有审批手续。

（4）高大、异型脚手架施工方案。要求：要有审批表，需编制人、审批人、审批部门签字盖章。

（5）脚手架的组装、升、降验收手续。要求：验收的项目需要量化的必须量化。

（6）各类安全防护设施（安全网、临边防护、孔洞防护、防护棚等）的验收检查记录。

（7）安全技术交底记录，安全检查记录，月检、日检记录，隐患通知整改记录，违章登记及奖罚记录。要求：要分部分项进行交底，有目录。

（8）特殊工种名册及复印件。

（9）入场安全教育记录。

（10）防护用品合格证及检测资料。

（11）职工应知应会考核情况和样卷。

## 四、临时用电安全资料的内容

（1）临时用电施工组织设计及变更资料。要求：要有审批表，需编制人、审批人及审批部门签字盖章。

（2）安全技术交底记录。

（3）临时用电验收记录。

（4）电气设备测试、调试记录。

（5）接地电阻遥测记录。电工值班、维修记录。

（6）月检及自检记录。

（7）临电器材合格证。

（8）职工应知应会考核情况和样卷。

## 五、机械安全资料的内容

（1）机械租赁合同及安全管理协议书。要求：要有双方的签字盖章。

（2）机械拆装合同书。

（3）设备出租单位、起重设备安拆单位等的资质资料及复印件。

（4）机械设备平面布置图。

（5）总包单位与机械出租单位共同对塔机组和吊装人员的安全技术交底记录。

（6）塔式起重机安装、顶升、拆除、验收记录。

（7）外用电梯安装验收记录。

（8）机械操作人员及起重吊装人员持证上岗记录及证件复印件。

（9）自检及月检记录和设备运转履历书。

（10）职工应知应会考核情况和样卷。

## 六、保卫消防管理资料的内容

（1）保卫消防设施平面图。要求：消防管线、器材用红线标出。

（2）现场保卫消防制度、方案及负责人、组织机构。

（3）明火作业记录。

（4）消防设施、器材维修验收记录。

（5）保温材料验收资料。

（6）电气焊人员持证上岗记录及证件复印件，警卫人员工作记录。

（7）防火安全技术交底记录。

（8）消防保卫自检、月检记录。

（9）职工应知应会考核情况和样卷。

## 七、料具管理资料的内容

（1）贵重物品、易燃易爆材料管理制度。要求：制度要挂在仓库的明显位置。

（2）现场外堆料审批手续。

（3）材料进出场检查验收制度及手续。

（4）现场存放材料责任区划分及责任人。要求：要有相应的布置图和责任区划分及责任人的标识。

（5）材料管理的月检记录。

（6）职工应知应会考核情况和样卷。

## 八、环境保护管理资料的内容

（1）现场控制扬尘、噪声、水污染的治理措施。要求：要有噪声测试记录。

（2）现场环境保护体系负责人。

（3）治理现场各类技术措施检查记录及整改记录（道路硬化、强噪声设备的封闭使用等）。

（4）自检和月检记录。

（5）职工应知应会考核情况和样卷。

## 九、工地卫生管理资料的内容

（1）工地卫生管理制度。

（2）卫生责任区划分。要求：要有责任人的标识。

（3）伙房及炊事人员的三证复印件（即：食品卫生许可证、炊事员身体健康证、卫生知识培训证）。

（4）冬季取暖设施合格验收证。

（5）现场急救组织相应资料。

（6）月卫生检查记录。

（7）职工应知应会考核情况和样卷。

## 第三节 工程档案的验收和移交

### 一、工程文件的立卷

**1. 立卷流程**

（1）对属于归档范围的工程文件进行分类，确定归入案卷的文件材料。

（2）对卷内文件材料进行排列、编目、装订（或装盒）。

（3）排列所有案卷，形成案卷目录。

**2. 立卷应遵循的原则**

（1）立卷应遵循工程文件的自然形成规律和工程专业的特点，保持卷内文件的有机联系，便于档案的保管和利用。

（2）工程文件应按不同的形成、整理单位及建设程序，按工程准备阶段文件、监理文件、施工文件、竣工图、竣工验收文件分别进行立卷，并可根据数量多少组成一卷或多卷。

（3）一项建设工程由多项单位工程组成时，工程文件应按单位工程立卷。

（4）不同载体的文件应分别立卷。

**3. 立卷应采用的方法**

（1）工程准备阶段文件应按照建设程序、形成单位等进行立卷。

（2）监理文件应按单位工程、分部工程或专业、阶段等进行立卷。

（3）施工文件应按单位工程、分部工程进行立卷。

（4）竣工图应按单位工程分专业进行立卷。

（5）竣工验收文件应按单位工程分专业进行立卷。

（6）电子文件立卷时，每个工程（项目）应建立多级文件夹，应与纸质文件在案卷设置上一致，并应建立相应的标识关系。

（7）声像资料应按建设工程各阶段立卷，重大事件及重要活动的声像资料应按专题立卷，声像档案与纸质档案应建立相应的标识关系。

**4. 施工文件的立卷要求**

（1）专业承（分）包施工的分部、子分部工程应分别单独立卷。

（2）室外工程应按室外建筑环境工程和室外安装工程单独立卷。

（3）当施工文件中部分内容不能按一个单位工程分类立卷时，可按建设工程立卷。

## 二、工程文件的归档

（1）电子文件归档应包括在线式归档和离线式归档两种方式。可根据实际情况选择其中一种或两种方式进行归档。

（2）归档时间应符合如下规定。

① 根据建设程序和工程特点，归档可分阶段分期进行，也可在单位或分部工程通过竣工验收后进行。

② 勘察、设计单位应在任务完成后，施工、监理单位应在工程竣工验收前，将各自形成的有关工程档案向建设单位归档。

（3）在勘察、设计、施工单位收齐工程文件并整理立卷后，建设单位、监理单位应根据城建档案管理机构的要求，对归档文件完整、准确、系统情况和案卷质量进行审查。审查合格后方可由施工单位向建设单位移交。

（4）工程档案的编制不得少于两套，一套应由建设单位保管，一套（原件）应移交当地城建档案管理机构保存。

（5）勘察、设计、施工、监理等单位向建设单位移交档案时，应编制移交清单，双方签字、盖章后方可交接。

（6）勘察、设计、施工及监理单位需向本单位归档的文件，应按照国家有关规定的要求立卷归档。

## 三、工程档案的验收

建设工程档案验收时，应查验下列主要内容。

（1）工程档案齐全、系统、完整，全面反映工程建设活动和工程实际状况。

（2）工程档案已整理立卷，立卷符合规范的规定。

（3）竣工图的绘制方法、图式及规格等符合专业技术要求，图面整洁，盖有竣工图章。

（4）文件的形成、来源符合实际，要求单位或个人签章的文件，其签章手续完备。

（5）文件的材质、幅面、书写、绘图、用墨、托裱等符合要求。

（6）电子档案格式、载体等符合要求。

（7）声像档案内容、质量、格式符合要求。

## 四、工程档案的移交

（1）列入城建档案管理机构接收范围的工程，建设单位在工程竣工验收备案前，必须向城建档案管理机构移交一套符合规定的工程档案。

（2）停建、缓建工程的档案，可暂由建设单位保管。

（3）对改建、扩建和维修工程，建设单位应组织设计、施工单位对改变部位据实编制新的工程档案，并应在工程竣工验收备案前向城建档案管理机构移交。

（4）当建设单位向城建档案管理机构移交工程档案时，应提交移交案卷目录，办理移交手续，双方签字、盖章后方可交接。

# 参 考 文 献

[1] 中华人民共和国住房和城乡建设部. 施工现场临时用电安全技术规范：JGJ 46—2005［S］. 北京：中国建筑工业出版社，2005.

[2] 中华人民共和国住房和城乡建设部. 建筑机械使用安全技术规程：JGJ 33—2012［S］. 北京：中国建筑工业出版社，2012.

[3] 中华人民共和国住房和城乡建设部. 施工现场机械设备检查技术规范：JGJ 160—2016［S］. 北京：中国建筑工业出版社，2017.

[4] 中华人民共和国住房和城乡建设部. 建筑施工扣件式钢管脚手架安全技术规范：JGJ 130—2011［S］. 北京：中国建筑工业出版社，2011.

[5] 中华人民共和国住房和城乡建设部. 建筑拆除工程安全技术规范：JGJ 147—2016［S］. 北京：中国建筑工业出版社，2017.

[6] 中华人民共和国住房和城乡建设部. 建筑施工门式钢管脚手架安全技术标准：JGJ 128—2019［S］. 北京：中国建筑工业出版社，2019.

[7] 中华人民共和国住房和城乡建设部. 建筑工程施工现场消防安全技术规范：GB 50720—2011［S］. 北京：中国计划出版社，2011.

[8] 张晓燕. 安全员岗位实务知识［M］. 北京：中国建筑工业出版社，2007.

[9] 潘全祥. 怎样当好安全员［M］. 2版. 北京：中国建筑工业出版社，2010.

[10] 王宝齐. 安全员手册［M］. 北京：中国建筑工业出版社，2000.

[11] 吴庆洲. 建筑安全［M］. 北京：中国建筑工业出版社，2007.

[12] 高爱军. 安全员［M］. 北京：中国电力出版社，2011.